沈阳市哲学社会科学规划课题资助项目(项目编号:18037)

城市停车设施规划与选址研究

黄明霞　邵乾虔　刘伟东　著

人民交通出版社股份有限公司

北京

内 容 提 要

本书为沈阳市哲学社会科学规划课题资助项目(项目编号:18037)研究成果。本书结合沈阳市的城市发展战略提出了近期中街地区公共停车设施的规划布局方案,通过对沈阳市主城区公共停车设施系统的综合改善研究,提出针对中街区域停车设施的"调控型"的规划理念,对区域内的路边停车场规划选址和停车设施配建指标进行优化改进,降低道路交通区位拥挤度,切实解决当前城市停车困难、交通拥堵等问题。

本书可供高等院校交通工程专业交通规划方向学生参考使用,也可供交通规划研究人员参考使用。

图书在版编目(CIP)数据

城市停车设施规划与选址研究/黄明霞,邵乾虔,刘伟东著. —北京:人民交通出版社股份有限公司,2020.10

ISBN 978-7-114-16776-8

Ⅰ.①城… Ⅱ.①黄…②邵…③刘… Ⅲ.①城市—停车场—规划—研究②城市—停车场—选址—研究 Ⅳ.①TU248.3

中国版本图书馆 CIP 数据核字(2020)第 145601 号

书　　　名:	城市停车设施规划与选址研究
著 作 者:	黄明霞　邵乾虔　刘伟东
责任编辑:	张一梅
责任校对:	孙国靖　龙　雪
责任印制:	刘高彤
出版发行:	人民交通出版社股份有限公司
地　　　址:	(100011)北京市朝阳区安定门外外馆斜街 3 号
网　　　址:	http://www.ccpcl.com.cn
销售电话:	(010)59757973
总 经 销:	人民交通出版社股份有限公司发行部
经　　　销:	各地新华书店
印　　　刷:	北京交通印务有限公司
开　　　本:	787×1092　1/16
印　　　张:	6.25
字　　　数:	200 千
版　　　次:	2020 年 10 月　第 1 版
印　　　次:	2020 年 10 月　第 1 次印刷
书　　　号:	ISBN 978-7-114-16776-8
定　　　价:	25.00 元

(有印刷、装订质量问题的图书由本公司负责调换)

P 前 言

目前，"停车难"已成为世界性难题。随着我国社会经济的迅速发展，城市车辆保有量迅猛增长，特别是大量私人小汽车出现，城市的停车难问题也日趋严重。解决好城市停车问题是当前城市建设与规划中的重要任务。

本书对城市停车设施的规划与选址问题进行研究。首先分析城市停车行为、停车管理模式和停车需求预测方法。然后对路外停车场规划布局、路内停车场和换乘停车设施规划布局方法等方面进行研究，对不同区位的停车场的规划与选址方法进行分析，进而对城市停车设施的产业化问题进行演绎。最后对沈阳市中街区域的泊车设施现状的实际案例进行分析，对该区域当前的停车需求进行测算。在综合考虑区域位置、停车泊位的周转率以及利用率的情况下，对当前静态交通直接影响的停车场进行规划、标定、优化现有停车生成率模型，提高其预测精度，使其不局限于单一土地类型。同时，基于梯度场概念，在现有选址理论基础上进行沈阳市停车场的布局优化。结合沈阳市的城市发展战略提出近期中街地区公共停车设施的规划布局方案，通过对沈阳市主城区公共停车设施系统的综合改善研究，提出针对中街区域停车设施的"调控型"的规划理念，对区域内的路边停车场规划选址和停车设施配建指标进行优化改进，降低道路交通区位拥挤度，切实解决当前城市停车困难、交通拥堵等问题。

本书由沈阳建筑大学黄明霞、邵乾虔、刘伟东共同撰写。其中黄明霞撰写第一章、第四章和第五章，邵乾虔撰写第二章，刘伟东撰写第三章。在本书撰写过程中，作者参阅了大量专家、学者的研究理论与实践成果，在此表示诚挚感谢。由于作者水平有限，加之成书时间仓促，书中难免存在错误及不足之处，恳请各位读者批评指正。

作　者
2020 年 6 月

目　录

第一章 绪 论

第一节 城市停车设施的定义、作用

1.城市停车设施的定义

城市停车设施是供车辆停放的隶属于公共的相关场所。常见的形式有无人管理的、配有门禁的小型简易停车场，还有配有出入道闸、泊车计时管理员的收费停车场等。目前，相对先进的现代化智能停车场常配建自动化计时收费系统。

2.城市停车设施的作用

由于停车行为是与人类生产生活密不可分的，故而停车设施作为停车必不可少的基础设施，是城市公共交通基础设施系统的重要组成部分。

我国当前处于大力发展城市停车产业的过渡阶段。现今需要集中考虑的是停车设施与汽车保有量的相对动态失衡现状，它是导致当前严峻的城市交通问题的主要原因。

城市停车设施的主要作用包括以下几个方面：

(1)停车设施的系统合理规划可提高土地利用率。停车需求发生变化时，相应的停车生成率和周转率也将随之发生变化，该区域的可达性也会发生变化，反过来又引起土地利用率的变化，所以停车设施与土地利用率存在互动关系。因此，要充分利用好停车设施与土地利用率的密切关系，完善城市用地特性调控土地利用性质的功能，从而实现机动车停车设施的规划配建与土地的合理利用。沈阳市中心城区不同用途地块的高峰小时停车生成率见表1-1。

沈阳市中心城区不同用途地块的高峰小时停车生成率(单位:辆/100m²)　　表1-1

用地类别	住宅	百货商场、超市	观光饭店	精品商场	金融银行	办公大楼	大型餐馆
停车生成率	0.55	1.49	0.52	1.11	11.42	0.62	2.47

(2)停车设施规划可以对社会各类规划系统进行政策性调控。对机动车保有量最高的居民住宅区域，应在规划建设中优先考虑对路网公共交通进行系统化统筹，同时在城市规划的管制下，对社会空间布局进行系统性规划整合，形成高效的综合交通体系。公共停车设施调控原则及主、客体关系图如图1-1所示。

1

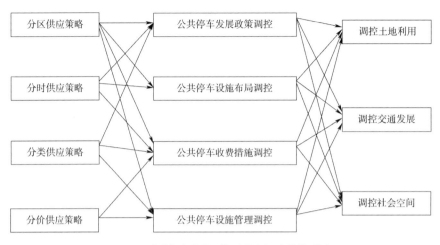

图 1-1　公共停车设施调控原则及主、客体关系图

第二节　城市停车设施的类型及相关概念

1.自力式停车场

自力式停车场主要是指车辆利用自身动力通过坡道来进出停车位的停车场,分为两种类型:平面停车场和斜坡停车场。

平面停车场由出入口、通道和停车位组成,并设有箭头和交通标志等相关交通设施。其主要优点是停车面积利用率高、进出便利性强、停车位周转率高、安全性好。

坡道停车场一般分为两种类型:地下坡道停车场和建筑坡道停车场。其主要优点是用地省、造价低,适合小型机动车停泊。

2.机械式停车场

机械式停车场指的是利用机械设备的力量将机动车放置到停车位的停车场。其中,机械停车设备的运行方式可分为升降、横移、循环三大类别。升降类可具体分为简易升降式停车设备和垂直升降式(也称为塔式)停车设备;横移类可分为升降横移类停车设备、平面移动类停车设备、巷道堆垛类(亦称仓储式)停车设备;循环类可分为垂直循环式停车系统、水平循环式停车系统和多层循环式停车系统。现阶段我国智能化立体停车库还不够普及,使用较多的主要是升降类和横移类停车场这两种机械式停车场。

沈阳市实例:先锋大厦停车场,位于青年北大街 19 号先锋大厦院内。该停车场为公司内部停车场,开放时间为 6:00 至 21:00。停车场一共 6 层,容量为 60 辆车,在沈阳市交通出行晚高峰同时也是该公司下班时间的 17:00 之前,在停车场中停放的车辆数量为 40 辆左右。图 1-2 为先锋大厦停车场的外观。

根据实地考察绘制该停车场正面及侧面简图如图 1-3 所示。

该停车场内部结构实景图如图 1-4 所示。横向装置的运作原理如下:

(1)收回横向移动装置,电梯下降。取出时,动作与之相反[图 1-5a]。

(2)特有的横向移动装置将托盘准确、平稳地移至格架中[图 1-5b]。

图 1-2 先锋大厦停车场的外观

a)顶层结构正面简图

b)升降台及车辆停放正面简图

c)升降台运行轨迹正面简图

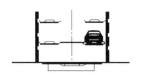

d)车辆停放正面简图

e)顶层结构侧面简图

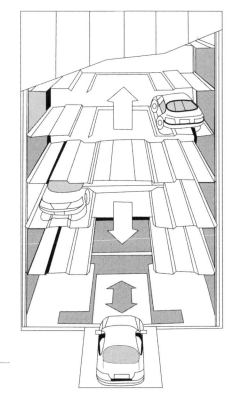

f)车辆停放侧面简图

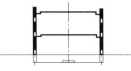

g)升降台侧面简图

h)电梯式立体停车设施

图 1-3 先锋大厦停车场正面及侧面简图

图 1-4 实地考察内部结构实景图

（3）特有的横向移动装置将托盘准确、平稳地移至格架中[图 1-5c）]。

（4）电梯将装有车辆的托盘升至指定格架位置停下来。

根据其运作原理,绘制多层机械式停车场整体结构原理图如图 1-6 所示。

3. 混合式停车场

混合式停车场是由于停车量较大、场地较小而采用自力式布局与机械设备相组合的混合动力停车场。

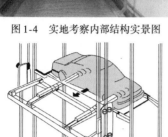

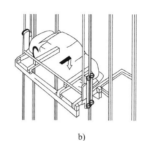

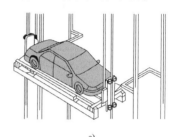

a)   b)   c)

图 1-5 横向装置的运作原理图

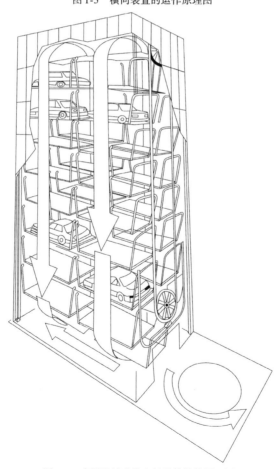

图 1-6 多层机械式停车场整体结构原理图

4.非机动车停车场

非机动车停车场不属于本书的研究范围,是主要用于停放非机动车的场地,包括路内临时停车场、特殊路外专用停车场、住宅停车场3种。

第三节 我国城市停车设施现状及问题

1.当前城市停车设施供给现状

我国当前处于快速机动化时期。根据交通运输部的数据统计,截至2019年末,全国机动车保有量已达3.48亿辆,其中汽车保有量为2.6亿辆,与2018年底相比,增加2122万辆,增长8.83%。据公安部统计,2019年全国新注册登记机动车3214万辆,机动车保有量达3.48亿辆。新注册登记汽车2578万辆,机动车驾驶人达4.35亿人,其中汽车驾驶人3.97亿人。到2020年,我国机动车保有量已达3.67亿辆。

当前我国一、二线城市停车设施配建总量飞速增长。以北京市为例,据统计,2012年时北京城八区拥有的停车位共计67.5万个,到2017年北京市区共有公共停车场16836个,停车位达到了146.7万个,相比于2012年,停车位数量增长了117.33%,年均增长23.47%。其中,城八区的停车位从2012年的67.5万个增长到2017年的129.3万个,增长了91.56%,年均增长量为18.31%。再以广州市为例,2013年原八区仅有停车位19万个,到2017年增长了8万个,增长了42.1%,年均增长10.5%。最后,以吉林市为例,2015年,吉林市区共有停车位9263个,2018年达到了11080个,相比2015年增长了19.62%,相对年均增长6.53%。各城市当前停车设施的发展情况充分表明,近年来我国大部分城市的停车位总量迅速增加,停车供给有一定的增长。

2.当前城市停车规划存在的问题

当前,城市里约60%的机动车有迫切的停车位需求。然而,根据有关部门数据,每4.84辆机动车才有一个合法的停车位,而二线甚至三线城市平均每31辆车才配建一个公共停车位。如不采取有效的措施,将会导致机动车保有量持续快速增长与城市停车场建设滞后的矛盾激化,产生严峻的停车问题。

当前,我国城市中心城区公共停车位十分匮乏,公共停车场规划布局不合理,直接导致静态交通和动态交通互相制约影响,形成严重的停车问题。考虑到现有停车需求带来的压力,比较合理的停车设施结构占比应为:路边停车位约占5%,公共停车位约占20%,而最多的则是配建停车位,约占75%。根据国际标准,城市中每辆机动车至少应配备1.15~1.3个停车位(基本停车位指标应达到"一车一位",公共停车位与机动车保有量至少需要达到1.5:10的比例)。根据此标准来衡量的话,现今我国大多数城市的停车位仍有很大缺口。

沈阳市的市区停车位总量严重不足,与此同时,其结构也不合理。沈阳市当前城市停车位比例为:路边停车位占24%,配建停车位仅占19%。

此外,当前沈阳市主城区公共停车设施还存在以下问题:

(1)现有公共停车设施硬件落后;

(2)公共停车设施管理措施不当;

(3)停车收费体制不系统化;

（4）城市中心商业区占道停车问题严重。

第四节 停车问题的产生原因及对策

1. 当前停车问题的产生原因

机动车产业的迅猛发展使当前我国大多数城市停车问题日益凸显。从我国城市停车设施供给现状来看,城市中心区停车设施存在数量不足以及分布不合理的问题。问题的产生主要有以下 4 个原因:

（1）社会群体对停车问题的认识不够全面,欠缺对城市停车问题的总体考虑,仅停留在充分供应或者限制供应的单一措施层面。同时许多用车者习惯于违法停车,法制观念有待提高。

（2）停车设施供应总体上处于总量不足阶段。停车设施的供应和道路交通流量之间的矛盾也已经逐步凸显出来,进一步增加停车设施可能对道路交通的运行产生不利影响。

（3）由于在城市出入口和中心区外围缺乏大型公共停车设施,停车设施供应结构失调现象较为突出。城市路外公共停车设施建设严重滞后,并且没有和公共交通便捷衔接,导致停车设施供应结构的不合理,影响了城市停车设施整体效能的发挥,导致大量的机动车涌向中心区,对道路系统造成不利影响,加剧了停车矛盾和交通拥堵问题。部分城市不同类型停车设施供应结构一览表见表1-2。

不同类型停车设施供应结构一览表　　　　　　　　　　　　　　表 1-2

城　市	建筑物配建停车位（%）		路内停车位（%）	路外公共停车位（%）	其他（%）	统　计　年　份
	居住配建	公建配建				
上海	91.9		3.5	3.4	1.2	2014
杭州	17.8	70.4	8.3	3.5	0	2015
昆山	88.0		8.0	4.0	0	2018

（4）停车收费费率单一,没有体现停车供需关系不同的地区之间的区位差异。部分公共停车设施甚至没有停车时间限制,使得停车位的周转率偏低,不利于利用价格杠杆调整供求关系。停车收费标准整体偏低,停车产业化发展动力不足。

2. 解决停车问题的对策

（1）提高对交通安全的监管程度,构建完善的城市停车产业化管理系统。政府职能部门要出台相关的停车场建设规划和停车管理规定。停车是一个城市综合交通体系中的子系统,停车难问题不能简单归结为停车位供应不足,因此,政府职能部门要对停车难问题开展研究,出台从规划、建设到管理协调的一体化政策,并制定一系列相应措施。应明确解决城市停车难问题的责任单位,城管、建设、规划、公安等部门形成合力,齐抓共管。政府有关部门应真正落实规划优先,规划好新建道路的机动车道与非机动车道;统一管理全省重要交通节点、重点旅游景区交通规划,加强公共停车场专项规划,加强停车场建设项目的规划管理,把交通通行评估作为重要项目建设的前置条件;加快路网建设,加强交通设施建设,加快人行天桥、过街地下通道建设,方便市民出行。

（2）通过多元化的投资机制和保障措施建设,采用先进的电子技术和先进的管理模式。建立长期有效的交通管理机制,规范停车行为和停车位收费标准,提高停车周转率,为缓解停车难问题发挥积极作用。

（3）加强道路基础设施建设,改善路侧停车设施,合理布局路外停车场,通过推广应用限时停车位来提高停车位周转率。同时提高对城市停车场选址的重视程度,根据配建指标合理合法地提高路侧停车位的设计标准,加强对路内违章停车行为的监督和管制,为城市动态交通平衡提供技术支持。

我国当前正处在汽车保有量过高的动态交通不平衡状态。城市居民的汽车保有量正在快速增加,而停车设施数量和汽车保有量之间的相对不匹配导致了严重的停车难问题。当前我国相对缺乏停车管理相关法律法规,管理手段有限,导致停车设施的供需不平衡。需要完善相关管理体制来推动停车产业化发展,同时提高土地利用率。

采取有效的停车管理措施,可以平衡停车设施的建设和运营成本,使社会群体在关注社会和谐及经济发展的同时,也关注道路基础设施和停车场建设,创造一个良好的静态交通管理环境。

第五节 城市停车需求预测模型的评价

通过对各种停车需求预测模型进行比较和评价,得出各种模型的特点和适应性,见表1-3。

城市停车需求预测模型的评价 　　表1-3

预测方法	前提条件	须调查的内容及要求	技术方法	优 点	缺 点
总量预测模型	有详细的人口、就业规划资料	详细调查区域停车需求密度分布	使用社会经济数据,将相对独立的组合大样本作为建模抽样的基础,避免了调查的困难	将相对独立的组合大样本作为建模抽样的基础,避免了调查的困难	停车设施需求影响较大的参数不适用于多因素交互作用的结果
停车生成率模型	预测地区用地功能较为均衡稳定	需要进行详细的停车特性调查,对研究区域中的每一类型用地均可以得到详细的统计参数	采用研究区域内用地性质相近、规模相当、用地功能比例相对独立的组合大样本作为建模抽样的基础	不仅可以得到总停车需求,还能按土地使用功能比例计算出每一土地使用类型的停车产生量,适用性很强	需要进行详细的停车特性调查,工作量大。预测周期不长,回归数据易受其他因素的干扰
用地与静态交通发生率影响分析模型	有详细的人口、就业规划资料	停车特征调查,土地利用性质调查	根据不同类型用地的停车需求生成率和交通影响函数推算机动车停车需求量	预测的高峰小时停车需求量与用地特性相关密度,在空间分布上可信度较高	需要的数据量较大,要求数据精度高,计算工作量大

预测方法	前提条件	须调查的内容及要求	技术方法	优　点	缺　点
静态交通发生率模型	预测地区用地功能较为均衡稳定	研究区域规划总停车需求,按静态交通土地使用功能比例计算出每一土地使用类型的停车产生量	针对不同用地类型计算静态交通模型,对城市土地使用类型进一步细化分析	停车需求的计算可以采用研究区域内用地性质相近、规模相当、用地功能比例相对独立的组合大样本作为建模抽样的基础,避免了调查的困难	对于区域用地功能中所占比例小的用地,误差较大
商业用地停车分析模型	研究区域将停车管理作为交通需求管理重要手段	交通需求管理调查;停车特征调查、研究区域土地使用和道路交通状况调查	分析交通出行端的分布,研究区域之间的停车平衡,停车需求的修正部分采用重力模型计算	适用于中心区、商业区等重点区域	方法较复杂,调查工作量大
车辆核心出行吸引预测模型	有完整的机动车 OD（起讫点）数据	停车特征调查	根据预测的近、远期机动车 OD 数据,推算机动车停车需求量	基于总体用地规划和城市交通发展战略,预测的需求量是宏观控制需求量,对城市动静态交通系统形成具有指导作用	对 OD 量的依赖性较强,空间分布性较弱
相关分析多元回归预测模型	有人口、就业及城市经济活动等资料	停车特征调查,人口、就业、城市经济活动及土地使用等指标的调查或收集	通过停车需求与城市经济活动及土地使用之间的函数关系来进行预测	此方法考虑的相关因素较多,预测方法较严密	多元回归模型须标定的系数多,方法较复杂,调查工作量大
交通量 - 城市停车需求模型	预测地区用地功能较为均衡稳定	停车特征调查,地区各出入口交通量调查,地区封闭性停车量调查（分时段、车型）	根据地区交通流量推算机动车停车需求量	可以得到研究区域内机动车的停车率。较适合区域用地功能较为均衡、稳定的情况	只能适用于范围较小、用地性质较单一的地区,预测年限较短

第二章 停车行为分析与城市停车规划

第一节 停车行为分析

随着城市规模的扩大以及停车时间的延长,停车费用的空间差异、时间差异、停车设施类型差异、停车后的步行距离差异均对停车行为有一定的影响。

一、停车行为影响因素分析

1. 停车后步行距离的影响

步行距离是指车辆存放地点至目的地的实际步行距离,停车后的步行距离是停车者需要考虑的问题之一,停车者对步行距离有一定的容忍度。停车者对步行距离的容忍度因其出行目的和停车时间长短而异,工作出行中可接受步行距离最长,停车时间越长、停车费用越高,停车者愿意接受的步行距离越长。对国外停车者的调查结果表明,停车者有时宁愿用步行距离来交换停车费用,即停车者愿意将车停在距离目的地较远但是停车费用较便宜的停车场。国外的研究人员甚至测定了停车者的距离与停车费用交易标准的关系。例如,日本的研究结果表明,多数人愿意为了节省 100 日元/h 的停车费而多走 190m 的距离。根据上述停车行为的特点,可以利用价格杠杆来降低不同停车场的停车需求集中指数。例如,距离重点地区、重要设施较近的停车场的收费可以高一些,距离重要设施较远的停车场的收费可以低一些。尽管我国停车场的费率总体偏低,利用价格杠杆调节供需关系的效果可能暂时不甚明显,但是,随着私家汽车保有量的快速增长,利用上述距离与费用的关系调节供需关系的条件将会日益成熟。

2. 停车费率的影响

停车费率是影响停车行为最重要的因素之一,根据停车费用支付者的不同,停车者对于停车费率的敏感程度亦有所不同。通常,在其他条件相同时,停车场的停车费用越高,其利用率越低;如果停车者不是停车费用的最终支付者(比如停车费用可以报销时),停车者对于停车费用的敏感程度相应较低。

另外,针对停车费用对路上违章停车者的影响的研究结果表明,对于停车费支付者来说,在停车时间为 30min 以内时,即使是降低 20% 的停车费用,仍有 40% 的人选择在路上的违章停车;当停车时间为 30~60min 时,则有大约 20% 的人选择路上的违章停车。上述结果说明,利用降低停车费用来吸引短时停车者,难以达到消除路上违章停车的目的。

3. 停车场使用方便程度的影响

停车场使用方便程度可以从抵达停车场的难易程度(道路的拥挤状况)、到达停车场后入库等待时间(或及时入库可能性)以及入库后存取车的方便程度等因素构成。停车者更倾向于选择容易抵达、等待时间较少、存取车方便的停车场。上述因素对停车者的停车行为产生不同程度的影响。

4. 执法力度的影响

交管部门对违章停车行为的执法力度是影响停车者选择违章路内停车或停车场停车的重要因素之一,执法力度对停车行为有着重要影响。

5. 停车信息的影响

调查表明,超过81%的被访者在寻找停车场时,希望获得关于停车场的信息。在所有的信息当中,被访者最希望获得的信息是停车场是否有空位(满、空信息)和到达停车场的交通路线信息。超过80%的被访者表示会利用关于停车场的信息,可以认为停车场引导信息对于停车者的停车行为具有重要的影响。

此外还有许多因素也会对停车行为产生影响,诸如停车者特性,包括停车者的职业、收入等;停车场特性,包括停车场的大小、结构、停车方式(自行、机械等)是否安全等;车辆特性,即私人车辆、公务车辆等。

二、停车行为管理要素分析

根据停车行为管理的内容,停车行为管理要素主要是停车管理法律法规、政策及执法力度、停车者的决策过程、停车管理设施等。

停车管理法律法规具有法律的强制约束力,是管理或执法的基础。执法者对法律法规的理解以及执法水平是影响停车行为管理效果的主要因素之一。法律法规的完善以及严格执法有助于规范停车行为。停车行为管理政策是政府根据停车相关的研究结果,针对不同的停车管理目的制定的作用于微观停车行为的相关政策,如违章处罚条例等。它的制定能为停车行为管理提供依据。

停车需求者的决策行为特征影响着停车行为管理的政策及措施。根据台北市对路外停车设施使用者的反应特性调查结果,按停车选择过程中各因素的影响程度从大到小排列,则依次为:

①高峰时段的拥挤程度;

②停车安全性;

③等待及找车位的时间;

④停车方便性;

⑤停车舒适性。

该项调查缺少对停车费用影响的调查,可以将各因素的影响归结为对停车效用的影响。停车需求者在决策过程中主要考虑到停车的费用效益比。

停车管理设施的优劣直接影响停车设施的经营效益、停车管理的方法以及停车者的决策。先进的停车设施如停车收费表能够减少票款的流失,改变过去的人工收费管理方法,并可以针对不同停车时段或停车时间的长短而采用不同的收费费率,从而影响停车行为;停车诱导系统能够减少停车者寻找车位以及驶入车位的时间等。

根据以上要素分析,我们在管理停车行为时应从停车者的决策因素出发,制定相应的管理政策,利用先进的停车管理技术设施,从而改变停车者的决策过程,以此提高停车管理的效益。

车位类型的不同可产生不同的效用,其衡量指标一般包括停车位的便利条件、停车位提供的服务是否完善以及停车位对停车车辆安全性的保证等。

如果消费者在选择消费商品时,能够找到相应的替代商品,那么,消费者的选择一般是根据消费效用来做决策。驾驶人在选择停车位类型时,主要是从本身的一些特性出发,根据商品(如路外停车位、路内停车位)的特点及效用来决定。作为一种特殊的商品,停车位在某种程度上不可以被其他商品所代替,但是停车位这种商品的表现形式,即停车位类型可能是多样化的。

停车者对多种停车服务标准做出选择和决策。停车者一般是按照停车服务效用最大原则来进行决策,与停车效用、广义停车费用、停车设施的安全性、停车的方便性以及停车者自身的特性有关。广义停车费用是指同时考虑停车收费以及停车者的停车出入、步行时间的时间价值的停车费用(违法停车时还包括惩罚费用)。很显然,广义停车费用越高,停车服务的效用越低,其受欢迎程度就越低;停车服务的安全性与方便性对停车服务效用的贡献主要是满足停车者的心理需求,一般来说,安全性越高,停车者心理需求的满足程度越高,停车服务的效用就越高,方便性也是如此。除此之外,停车者的特性决定了其对停车服务的感受程度以及需求程度,对选择停车服务有一定的影响,这里将其作为一种对停车服务效用进行修正的因素。

第二节　城市停车需求的分类及特性

一、停车需求的分类

停车需求是指各种出行目的的驾驶人在各种停放设施中停放车辆的要求。一般而言,停车需求分为基本停车需求和社会停车需求两大类。

1. 基本停车需求

这是由车辆保有引起的停车需求,也即夜间停车需求,主要是指各类车辆夜间停放的要求。这类停车需求可以用各区域车辆注册数估计,一般不涉及复杂的技术方法。

2. 社会停车需求

这是由社会、经济活动产生的各种出行所形成的静态交通需求,也称为日间交通需求。由于出行活动的目的、地点和时间等信息均不易获取,这类对需求的分析就显得十分复杂。

如何在预测以上两类需求的基础上,协调供给停车位数,既能够使得未来的停车位充分满足基本停车需求和社会停车需求,又可以使部分停车位兼为两种需求提供服务的功能,提高停车位的利用效率,是停车需求预测也是停车规划研究的主要问题。

停车需求预测可分为宏观停车需求预测和微观停车需求预测。在这两者之间,并没有一个严格的界限。通常,微观停车需求是以某一个或几个停车场为对象。与微观停车需求相比,宏观停车需求预测用于预测更广大区域的停车需求。本章着重介绍宏观停车需求的影响因素及预测方法。

宏观停车需求预测的目的主要是确定区域未来停车需求的总量,然后以此为基础,结合规划经验和实际需求,确定路内停车场、路外公共停车场和配建停车场的规模。目前,根据国内外的项目规划经验,配建停车场所占的比例通常为70%~80%,路外公共停车场和路内停车场的比例一般控制在20%~30%。例如,在上海停车系统规划中,将建筑物配建作为中心商务区内的主体,该区域内配建、公共和路边停车设施的比例按85%、10%、5%实施;近期路外公共停车场和路内停车场比例按15%~20%控制;内环以内的各行政区停车设施规划应结合新一轮控制性详规进行调整,总体仍以建筑物配建停车场为主,配建、路外公共、路内停车位比例建议分别按70%~80%、10%~15%、10%~20%控制。

二、停车需求的特性

1. 派生性

停车需求与交通需求一样,都是派生性需求。它来源于社会经济活动,伴随着交通出行而产生,是一种手段而非目的,也就是说,人们不会为了停车而停车,停车是为了进行其他活动所采取的手段。

2. 二重性

停车需求的二重性是指停车需求既存在难以约束的随机性,同时又存在一定程度的可控性。一方面,城市停车系统是一个开放、动态的系统,停车者在使用停车系统的时间、地点和停车设施类型选择方面是随机的;另一方面,无论是停车需求的产生、停车需求的时空分布,还是停车者的停车选择行为,均有不同程度的可控性。

第三节 停车需求影响因素

停车需求预测是停车设施选址和建设的依据,因此有必要首先对影响城市停车设施需求量的各个因素进行研究。从国内外学者的研究来看,影响宏观停车需求的因素主要包括城市土地利用状况、机动车保有量及出行水平、城市人口数量及社会经济发展状况、交通政策等。

一、规划区内土地利用状况及未来发展规划

土地利用状况是在城市的社会历史发展过程中逐渐形成的,它一方面受土地自然因素的影响,另一方面也与社会、经济、文化活动等密切相关,因此可以说城市中任何一种土地利用都可以视为产生停车需求的源点。

不同功能、性质和开发强度的土地共同组成了城市生产力的布局和结构体系。在这一体系中,不同的土地利用使地块上进行的社会、经济、文化活动的性质和频繁程度不同,产生的停车需求也有很大差异,我国台湾地区台中市曾对台湾自然科学博物馆至台湾美术馆间的"国道"及其邻近地区土地使用管制与交通影响的关系进行研究,从调查结果可以明显看出停车吸引率随土地利用状况的变化情况。

二、机动车保有量及出行水平

城市机动车数量是产生车辆出行和停车需求的必要条件,从静态的角度看,车辆(尤其是

客车)数量增加直接导致了停车需求的增加,这主要是因为车辆的停放时间一般比行驶时间长得多。统计结果表明,每增加 1 辆车辆,将增加 1.2 ~ 1.5 个停车位需求。从动态角度看,车辆除了需要夜间停车位外,车辆使用过程还会产生停车需求。一般来说,车辆出行水平(即车均日出行次数)越高,区域内平均机动车流量就越大,这样不仅影响该地区停车设施的总需求量,而且影响停车设施的高峰小时需求量,因而停车需求与城市机动车出行水平密切相关。

三、规划区内人口及社会经济发展水平

人口状况是城市规模大小的直接体现,城市总人口的变化意味着消费量的变化和使用交通工具的机会变化,停车需求量也随之改变。美国联邦公路局对美国 67 个城市所做的调查研究表明:人口超百万的城市,其停车需求量是 50 万 ~ 100 万人口城市的 1.8 倍,是 25 万 ~ 50 万人口城市的 2.2 倍,是 10 万 ~ 25 万人口城市的 5.8 倍。

一个城市的社会经济发展水平影响了人们对交通工具、设施的需求特性以及出行的频繁程度,而这些与停车需求量之间有着密切关系。通常人们的出行需求与经济发展水平成正比,因而停车需求也和经济发展水平成正比。国内外不同城市的发展历程表明,经济发展程度越高,对停车设施的需求量越大,市民越迫切地希望解决停车问题。

四、交通政策

交通政策是交通决策中最大的影响因素,政策管理的实施层次不同,对交通产生的影响范围与程度也不同。宏观政策主要对地方的具体政策产生影响,在交通需求分析中主要考虑具体的交通需求管理政策对交通出行的影响。影响停车需求的政策主要包括:改变交通方式竞争能力的政策,例如国家近几年一直贯彻实施的“公交优先”政策降低了公交车的票价,改善了公交车的服务水平,从而在一定程度上提高了公交车出行比例,减少了私家车的使用,进而影响了停车需求;减少出行量的政策,例如单双号通行政策(单号日禁止车辆尾数为双号的车辆通行,双号日禁止车辆尾数为单号的车辆通行),通过在中心区收取高额停车费来减少市中心区的车辆交通量等,这些政策在减少私家车出行量的同时也减少了停车需求;此外,停车设施的使用权政策也影响着停车需求。

政策对停车需求的影响除了体现在政策内容方面外,还体现在政策的实施力度上。若政策偏向于“宽松型”,各类机动车的出行次数将会不同程度地增加,其中尤其以私家车的出行增长比较突出;反之,若政策偏向于“抑制型”,例如前述交通需求管理以及相对较高的停车费率等,则车辆的出行量,特别是以城市中心区为起讫点的机动车出行量会降低,停车需求也会相应地降低。

第四节　停车需求预测方法

在以往的城市规划和交通规划研究中,对停车需求研究的重点集中在预测模型本身,而对停车需求分析与停车需求研究目标的关系研究较少。一般来说,总体规划阶段的停车需求预测需要确定停车的宏观策略和用地平衡中的停车用地规模;局部分区规划阶段的停车需求预测需要对局部地区的详细停车需求和停车的管理政策进行相应的分析研

究。不同阶段对应的需求预测精度不一样,而定量计算本身的精度同时还取决于数据精度及预测方法本身的精度。世界上许多大城市对停车需求预测方法进行了不少研究,各国的国情不同,城市发展形态不同,经济发展水平与增长速度不同,停车预测模式也不同,因此计算方法差异较大。通常,计算方法中的模型是在综合分析不同规划目标下的发展政策(停车政策、车辆发展政策、交通管理政策、土地控制政策等)和基础数据后建立起来的。

一、停车发展政策对停车需求影响模型

停车发展政策包括:改变交通模式竞争能力的政策、减少出行需求的政策和对交通设施使用权限制的政策等。这几方面的政策会对停车设施的规划、建设和管理产生影响,因此国内的一些学者在建立的停车需求预测模型中,加入了交通政策的影响因素。

停车需求管理是与停车相关的交通政策之一。将停车管理作为交通需求管理手段的停车需求分析模型的建立通常分两步进行:第一步,研究停车管理政策对交通出行的影响;第二步,再根据交通出行的情况对研究区域的停车需求进行分析。

在城市出行端相对集中的地区采取以停车管理为主要手段之一的交通需求管理政策,在交通的管理上会起到事半功倍的效果。如在城市交通比较拥挤的中心区实施以停车管理为主的交通需求管理政策,将能够很好地对进入城市中心区的交通量进行调控和管理。根据交通政策对出行的特征和出行决策的不同影响,按照交通出行的特点,将出行分为弹性出行和非弹性出行分别考虑。

对于非弹性出行,停车管理政策的变化只能使这些出行所依赖的交通方式的特征及不同交通方式之间的相对竞争能力发生变化,而对出行时间和空间的分布改变很小,因此在需求分析中只需要根据不同方式的竞争重新进行交通方式的划分。

交通方式划分模型采用 Logit 模型,其中,在不同交通方式的阻抗中加入由于停车政策而增加的阻抗,同时用非法停车的风险系数来表示停车政策的实施力度,见式(2-1)。

$$
\begin{aligned}
P_i &= \frac{e^{(-\theta I_i)}}{\sum e^{(-\theta I_i)}} \\
I_i &= I_i^{\mathrm{t}} + I_i^{\mathrm{p}} \\
I_i^{\mathrm{p}} &= It_i^{\mathrm{p}} \cdot R_i \\
R_{\mathrm{il}} &= 1 - \frac{P_{\mathrm{il}}}{Q_{\mathrm{p}}}
\end{aligned}
\qquad (2\text{-}1)
$$

式中:P_i——选择第 i 种交通方式的概率;

I_i——不同交通方式出行的计算阻抗;

I_i^{t}——交通出行的交通阻抗;

I_i^{p}——停车政策所引发的交通阻抗;

It_i^{p}——停车政策完全落实的情况下的交通阻抗;

R_{il}——非法停车的风险系数;

θ——不同交通方式之间的转换系数,可以按照出行者所处的收入阶层的不同来划分;

P_{il}——研究区域内车辆非法停放的数量;

Q_p——研究区域内总的车辆停放数量。

由此可以比较和估计停车政策对交通出行的影响。

对于弹性出行,由于交通方式之间竞争能力的变化会导致交通出行总量以及出行的时间、空间分布发生较大的变化,所以,在交通出行的分析中,不仅要考虑出行在交通方式之间的转换,还需要考虑交通量产生和出行分布的变化。

二、停车需求预测模型

在研究区域内,如果车辆停放行为相对较少,停车需求较小,驾车出行量也相对较少,停车规划通常以需求作为交通设施建设的依据和标准,不需要考虑停车需求管理的政策影响。停车需求预测模型主要有静态交通发生率模型、相关分析模型、机动车 OD 预测法、交通量-停车需求量模型等。

(一)停车生成率模型

停车生成率模型是建立在停车需求与土地利用性质关系基础上的回归模型。其中"停车生成率"定义为某种性质用地功能的指标(如单位土地面积或单位建筑面积)所产生的全日停放车辆数。

传统的"四阶段"模式需要综合土地、人口、职工岗位和交通 OD 分布等诸多因素,对综合性功能区停车需求的交互影响,使用时,必须在交通调查的基础上,分别确定停车生产率和吸引率,操作起来难度较大,而且精度未必可靠。而停车生成率模型则不必分门别类地详细调查和统计回归,只需要按小区调查现状基本日停放车辆数和各类用地的工作岗位数,大大减少了工作量,见式(2-2)。

$$P_j = f(L_{ij}) = \sum_i \alpha_i \cdot L_{ij} \tag{2-2}$$

式中:P_j——预测年第 j 小区基本日停车需求量(标准车次或停车位);

L_{ij}——预测年第 j 小区第 i 类用地利用指标(土地使用指标);

α_i——第 i 类用地的停车生成率指标[标准车次或停车位/(土地使用单位指标·日)]。

对于共 n 个小区、m 类用地的情况,式(2-2)可以表示为:

$$P = \begin{bmatrix} P_1 \\ P_2 \\ \vdots \\ P_n \end{bmatrix} = [\alpha_1 \quad \alpha_2 \quad \cdots \quad \alpha_m] \cdot \begin{bmatrix} L_{11} & \cdots & L_{1n} \\ \vdots & & \vdots \\ L_{m1} & \cdots & L_{mn} \end{bmatrix} \tag{2-3}$$

考察以上多元线性齐次方程的求解方法,对任意 α_i,满足 $\alpha_i > 0$。如果删除某些 $\alpha_i \leqslant 0$ 的变量,将难以使计算结果通过检验。因此,有必要设计优化模型来求解 α_i。

定义函数 Z 为向量 P 与 $\alpha \cdot L$ 之差的模,即:

$$Z = \| P - \alpha \cdot L \| \tag{2-4}$$

当 Z 取最小值时,静态交通实测值与分析得到的指标之间的吻合程度最好。

此外,对于模型的条件 $\alpha_i > 0 (i = 1, 2, \cdots, m)$,可根据问题本身的需要给予变量 α_i 限制条件 $g(\alpha_i) > 0$。因此,模型就归结为以下的非线性优化形式:

$$\min(Z) = \min(\| P - \alpha \cdot L \|)$$

$$\text{s. t.} \begin{cases} g(\alpha_i) > 0 \\ \alpha_i > 0 \end{cases} \tag{2-5}$$

为使模型同实际情况吻合良好,定义各小区的停车需求量实测值与计算值之差的平方和为 P 与 $\alpha \cdot L$ 之差的模,即:

$$Z = \| P - \alpha \cdot L \| = \sum_{j=1}^{n} \left(P_j - \sum_{i=1}^{m} \alpha_i - L_{ij} \right)^2 \tag{2-6}$$

则上式可表示为:

$$\min(Z) = \min(\| P - \alpha \cdot L \|) = \min \left[\sum_{j=1}^{n} \left(P_j - \sum_{i=1}^{m} \alpha_i - L_{ij} \right)^2 \right]$$
$$\text{s. t.} \begin{cases} g(\alpha_i) > 0 \\ \alpha_i > 0 \end{cases} \tag{2-7}$$

停车生成率模型的优点是:

①停车需求的计算可以采用研究区域内用地性质相近、规模相当、用地功能比例相对独立的组合大样本作为建模抽样的基础,既避免了调查的困难,又提高了典型资料的使用率;

②对研究区域不仅可以得到总停车需求,还能按土地使用功能比例计算出每一土地使用指标的停车生成量,适用性较强。

相应的模型在上海市停车需求分析中多次被采用,并获得了理想效果。

对于以上模型,这里采用运筹学中复合形的算法,先随机产生复合形,然后通过反射与收缩,在迭代中自动缩小边长,最后求出满足一定迭代精度的 α_i 解集。模型算法见图 2-1。

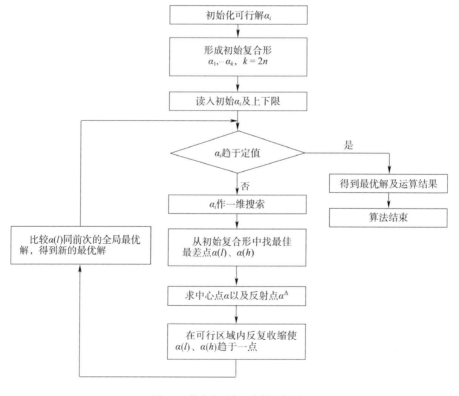

图 2-1　静态交通发生率算法框图

（二）相关分析方法

由于不同类型用地的停车生成率往往是土地利用、人口、交通量等因素综合作用的结果，因此仅采取将各地块停车需求简单相加的方法未必完全适用。从城市停车需求的本质及其因果关系出发，根据美国道路研究委员会（HRB）的研究报告，提出数学模型如下：

$$P_{di} = K_0 + K_1(EP_{di}) + K_2(PO_{di}) + K_3(FA_{di}) + K_4(DV_{di}) + K_5(RS_{di}) + K_6(AD_{di}) + \cdots$$

$$(2-8)$$

式中：P_{di}——第 d 年 i 区高峰时间停车需求量（车位）；

$\qquad EP_{di}$——第 d 年 i 区就业岗位数；

$\qquad PO_{di}$——第 d 年 i 区人口数；

$\qquad FA_{di}$——第 d 年 i 区房屋地板面积；

$\qquad DV_{di}$——第 d 年 i 区家计单位（企业）数；

$\qquad RS_{di}$——第 d 年 i 区零售服务业数；

$\qquad AD_{di}$——第 d 年 i 区小汽车拥有数；

$\qquad K_i$——回归系数，$i = 0, 1, 2, 3, \cdots$

上述模型突出了城市内人口、建筑面积、职工岗位数等对停车设施需求影响较大的参数，因而更适用于对一个大型、综合区域或整个城市区域内的需求进行预测。值得注意的是，在对未来进行预测时，必须对模型中的参数 K_i 做实时的修正，才能够更好地符合未来的情况。

（三）机动车 OD 预测法

其基本思路是停车需求与地区出行吸引量（D量）有直接关系。如果获得地区的出行吸引量（人次/d），则根据机动车出行方式的比例，可换算成实际到达的车辆数，再根据高峰小时系数和机动车平均停车率，可得到高峰小时机动车停车需求量。如图 2-2 所示。该模型的关键是通过调查确定不同交通方式的分担比例和车辆的载客量。美国曾针对数十个大城市分别绘制不同条件下的停车出行量和高峰时间

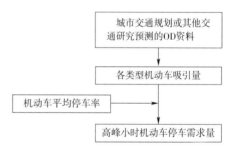

图 2-2　机动车 OD 预测法流程图

停车场的停车位数量关系曲线，求得停车位需求因子，以此作为停车需求换算的标准。

机动车 OD 法停车需求预测模型可表示为：

$$P_i = (A_i + B_i + C_i + D_i + E_i) \cdot \alpha \qquad (2-9)$$

式中：$\qquad P_i$——i 小区全日停车需求量；

A_i、B_i、C_i、D_i、E_i——i 小区全日大客车、小客车、出租车、大货车、小货车吸引量；

$\qquad\qquad \alpha$——机动车平均停车率。

（四）交通量-停车需求模型

该模型建立的基本思想是，任何地区的停车需求必然是到达该地区的车辆被吸引的结果，停车位需求数量为到达该地区的车流量的某一百分比。尽管它与上述机动车 OD 预测

法的思想一样,但此方法主要采用回归模型,而且如果该地区用地功能较为均衡、稳定,则预测结果较为可靠。

1. 一元对数回归模型

考虑研究区域停车需求与出行吸引量的关系,建立回归方程为:

$$\lg P_i = A + B \cdot \lg V_i \tag{2-10}$$

式中:P_i——预测年第 i 区机动车实际日停车需求量(标准停车位);

V_i——预测年第 i 区的交通吸引量(标准车次);

A、B——回归系数。

2. 多元回归模型

将研究区域交通量中客运出行吸引量和货运出行吸引量分别作为自变量进行回归,表达式为:

$$\lg P_i = A_0 + A_1 \cdot \lg V_{ki} + A_2 \cdot \lg V_{hi} \tag{2-11}$$

式中: P_i——预测年第 i 区机动车实际日停车需求量(标准停车位);

V_{ki}、V_{hi}——预测年第 i 区的客车和货车日出行吸引量(标准车次);

A_0、A_1、A_2——回归系数。

根据对城市机动车 OD 矩阵的调查分析,分别计算出规划年客、货车的出行发生量、吸引量,在此基础上可以利用回归模型求出基本年和预测年该区域的停车需求量。在使用该模型的过程中应注意:

①应将规划年区域交通吸引量分车型换算成标准车次,作为模型的自变量;

②由于城市内出租车和公交车辆几乎不占用公共停车位,因此在停车需求预测计算时需考虑对这些因素的折减系数。

交通量-停车需求模型适用于对城市规划区域进行宏观的停车需求分析,与动态交通的预测方法相结合,不仅可以计算出停车需求,而且可以得到研究区域内机动车出行的停车率。美国联邦公路局对 67 个城市的调查结果表明,百万人口以上大城市的机动车停放率为 20% ~27%,上海市综合交通规划的研究分析的结果表明,市区内机动车停放率为 10% ~15%。

该模型的不足之处在于无法具体得到研究区域内每一土地使用的停车设施需求量,因此通常作为验证其他预测模型计算结果的有效方法。

(五)停车设施停车位需求修正模型

预测规划年停车需求量的直接目的是计算满足规划年停车需求所必须供应的停车位数量。必要的停车位供应量不仅应能满足一天中高峰小时的停车需求,还必须考虑区位特点、季节和日期变动等影响停车行为及停车特性的因素。

不同土地使用类型的停车时间和周转率有所不同,停车时间越短、周转率越高,则车位的使用效率越高,同样停车量条件下所需的停车位数也越少。因此,在预测规划年对停车位的需求量时必须对停车需求量(例如停车生成率模型的预测结果)进行转换与修正,修正后的研究区域停车位需求量为:

$$P_j^{\text{停车位}} = \beta \cdot \frac{P_j}{\alpha_j} \tag{2-12}$$

式中：$P_j^{停车位}$——第 j 区预测年实际停车位需求量；

　　　P_j——第 j 区预测年高峰小时停车需求量；

　　　α_j——第 j 区停车位周转率，即单个停车位的高峰小时平均周转率；

　　　β——年第 30 位停车需求量与年日平均停车需求量的比值，通常取 $1.4 \sim 1.6$。

高峰小时周转率 α_j，可以用两种方法进行计算：

若 $\alpha_j > 1$，则周转率 $= \dfrac{总停放车次数}{车位总数}$；

若 $\alpha_j \leq 1$，则周转率 $= \dfrac{60}{停车位平均停车时间}$。

其中，停车位平均停车时间是累积停车时间与总停放车次数的比值，单位为分钟。

通常基于已有的数据资料和规划目标，通过对前面介绍的常用停车需求预测方法的适用性进行分析，选用适合的方法预测宏观停车需求。考虑到采用单一方法预测的结果与实际情况都有一定偏差，因此为了提高预测的精度，在宏观预测中远期停车需求时通常采用两种预测方法相结合的技术思路。

第五节　路外停车场规划布局影响因素、规划原则和布局准则

一、影响因素

1. 服务半径

停车者从停车场到目的地之间的距离。机动车公共停车场的服务半径，在市中心地区不应大于 200m；一般地区不应大于 300m。

2. 车辆的可达性

车辆的可达性是指汽车到达（驶离）停车场的难易程度。车辆可达性主要由停车场出入口的设置决定，不同道路等级、不同交通流状况对停车场的出入口有较大的影响。停车场的车辆可达性越好，停车场的吸引力也越大。

另外，连接停车场出入口与城市干道网的道路，其通行能力应能够承受停车场建成后所产生的附加交通量，出入口附近的道路应有足够的空间提供给因进、出停车场而排队等候的车辆。因此，对车辆可达性的研究也就是对停车场的出入口以及邻接道路动态交通通行能力的研究。

3. 建设费用

建设费用包括征地拆迁费用、建筑费用以及环保费用等。它和停车场的使用效率一起，在很大程度上决定着停车场的社会经济效益。

4. 与城市规划及交通规划的协调性

停车场选址应考虑其规划范围内未来停车发生源在位置和数量上的变化，以及城市道路的新建和改造，做到规划的连续性和协调性。同时，在停车场的使用年限内，其选址及规模应与所在地区的城市规划和交通规划相适应。

5. 保护城市文化、古建筑和景观

为了满足旅游交通的需求,应当在城市内名胜古迹、郊区风景旅游点附近设置停车场。但是,考虑到城市文化、古建筑以及景观的保护等问题,停车场的选址应当与被保护对象保持适当的距离。

6. 公共设施的地下空间的有效利用

充分利用公共设施(如公园、广场等)的地下空间,既可以有效利用空间,又可以有效地解决城市景观的问题。

以上这些因素相互影响、相互制约,在应用时必须根据城市条件以及当前的主要矛盾,有针对性地取舍。例如,很多发达国家(如日本和法国)较多地采取在公共设施的地下建设停车场的做法,但发展中国家很难普遍采用这种做法,因为地下停车场的建设费用通常比较高。

二、规划原则

(1)满足城市总体规划和分区规划提出的土地开发强度下的停车需求,公共停车场点位的规划布局与土地利用相适应,在规划各停车设施时首先应考虑其近期的需求量,另外还应考虑其周围土地利用与道路交通状况,保持区域动、静态交通的平衡。

(2)公共停车场规划要以城市停车战略和策略为指导,支持城市交通发展战略目标的实现,适应交通需求管理目标和措施的需要。

(3)确定停车场规模采用定性与定量相结合,在定性分析的指导下进行定量研究的方法,提高规划的科学性;规划布局不单纯以满足停车需求为目标,还必须综合考虑社会经济、道路交通条件、土地开发利用和环境等多方面的要求,并且布局要遵循"就近、分散、方便"原则。

(4)路外公共停车场是对配建停车场的补充和调节,它的分布应当根据服务对象配合停车政策确定,重点布置在综合性商业、服务和活动中心,CBD 地区,改造潜力小的建成区以及交通换乘枢纽等。主要服务于外来货运车辆的停车场,应当设置在城市外环路、城市的出入口道路附近;市内公共停车场主要布置在城市对外交通设施(机场、车站、码头等)附近,城市公共交通换乘枢纽站附近,以方便换乘。

(5)遵循"远近结合"的原则,充分考虑规划公共停车场实施的可行性,使停车场建设(形式、规模等)既能满足近期要求,又能为远期发展留有余地。

三、布局准则

(1)在设置时各停车设施首先应考虑到其设置后近期的需求量和服务对象,另外还应考虑其周围土地利用和道路交通状况。停车设施的设置应根据停车供需关系,保证停车设施被充分利用,并且要使停车容量与路网交通容量保持平衡。

(2)停车设施的设置应配合公共交通站点的布置,使公共交通出行与小汽车出行之间顺利衔接;另外,设置停车设施还应与城市步行街和专用道相结合。

(3)停车场的建设应充分利用城市闲置边角地带,以各种形式(如小型停车塔、多层停车架等)加以利用。停车场的服务半径不宜超过300m(通常为250~300m),即步行时间5~

6min,最长不超过7min。

(4)为了避免造成主干道和交叉路口交通组织的混乱,停车场的出入口应尽量设在次干道或支路上,并尽可能地远离交叉路口。容量为50辆以上的停车场,其出入口与主干道交叉路口之间的距离以大于100m为宜,以免车辆进出频繁时,干扰主干道和交叉路口的正常交通,同时也可避免交叉路口信号灯为红灯时排队车辆阻塞停车场的出入口;当停车场容量少于50辆时,与交叉路口的距离可小于该值。对一些较繁忙的交通干道应尽量避免停放车辆的左转出入,根据交通饱和度状况可以考虑高峰时段禁止左转。快速路附近的停车设施,其车辆进出必须通过停车场专用通道或快速路两边的辅路进行。

(5)停车场征用土地范围一般包括停车楼占地面积、后退道路红线、绿化用地、代征城市道路用地等几部分,其中后退道路红线距离和绿化率按城市规划实施细则的相关规定执行。

(6)停车设施的形式应因地制宜、减少拆迁。在用地紧缺的地区应以立体停车形式为主;另外,地下车库因节约城市用地、利于改善景观和环保、利于组成城市立体交通体系(如与地铁相结合)等优点,也是主要的停车形式之一;大力推广高科技产品在停车设施中的应用。

(7)为了减少车辆出入停车场时对某些要求环境安静的建筑物产生的噪声、废气污染的影响,停车设施的出入口及停车场距某些建筑物应有一定距离。对不同的建筑性质及停车场规模相隔距离的建议值见表2-1,达不到建议值时,应设置隔声设施。

停车场与建筑物相隔距离建议值(单位:m)　　　　　表2-1

建筑物性质	停车场停车位数量规模			
	>100辆	50~100辆	25~50辆	<25辆
医院、疗养院	250	100	50	25
幼儿园、托儿所	100	50	50	25
学校、图书馆、住宅	50	25	25	15

(8)城市停车场规划设计应按照相对统一的技术标准执行。

第六节　选址模型

一、概率分布模型

该模型从概率选址的角度出发,其假设前提为:每个停车者首先考虑最易进入的停车场地,如无法停车,则考虑下一个最易进入的场地,如仍无法接受,则继续下去,直至找到一个可接受的场地为止。

将区域内所有停车场按顺序排列,用一组整数1,2,…,m来表示:最易进入的编号为1,次易进入的编号为2,以此类推。

假设停车者考虑第1个场地时接受的概率为P,拒绝的概率为$1-P$,如果第1个场地被拒绝,则用同样方式考虑第2个场地,不断重复此过程,直至选中某场地为止,可以得到下述公式。

停车者选中第 m 个停车场地的概率为:

$$P(m) = P \cdot (1-P)^{m-1} \tag{2-13}$$

假设有 N 辆车有停车意向,则停车者进入第 m 个停车场地的车辆数为:

$$N_m = N \cdot P \cdot (1-P)^{m-1} \tag{2-14}$$

前 m 个停车场地都未被选中的概率为:

$$P_r(m) = (1-P)^m \tag{2-15}$$

停车者选中前 m 个停车场地中任意一个的概率为:

$$P_a(m) = 1 - (1-P)^m \tag{2-16}$$

在实际生活中,可能是一批停车场处于同一个被选择层次,因此将上述思路推广,假设在中心商业区,到商业区中心点 O 距离为 r 处的停车场密度为 $D(r)$,如图 2-3 所示。

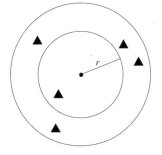

假设 r 值越小,停车者越优先选择该处的停车设施,且选择概率为 P。则有:

半径 r 内的停车场数为:

$$m(r) = \int_0^r D(r) \cdot 2\pi r dr \tag{2-17}$$

停车者进入半径为 r 区域内停车概率为:

$$P_a(r) = 1 - (1-P)^{m(r)} \tag{2-18}$$

图 2-3 概率分布模型示意图
(图中▲表示停车场)

如区域停车需求总量为 N,则分布在半径为 r 的区域内的停车需求量为:

$$N_a(r) = N \cdot \left[1 - (1-P)^{m(r)} \right] \tag{2-19}$$

该公式表明,$m(r)$ 个停车场应拥有 $N_a(r)$ 个停车位才能满足要求,而停车需求的变化率为:

$$n_a(r) = \frac{dN_a(r)}{dr} = (1-P)^{m(r)} \cdot \ln\left(\frac{1}{1-P}\right) \cdot D(r) \cdot 2\pi r \cdot N \tag{2-20}$$

即愿意在距商业区中心 r 范围内停车的停车者的数量为 $N_a(r)$。

概率模型形式简单,主要用于停车需求分布的计算,是停车设施选址规划分析的基础,但在实际中使用不多,主要原因是:

(1)该模型将每个停车者的停车意向都表达为概率 P,而且假设停车者按顺序选择,并未考虑选择停车场的随机性;

(2)模型假设停车场距区域中心越近就越容易进入,而停车者在实际停车时更愿意考虑的是距目的地最近的停车场。

二、停车需求分布最大熵模型

模型建立的思路是:在区域内划分更小的交通小区,以每个交通小区作为一个停车生成源;同样,将区域内停车设施作为停车的吸引源,各小区生成的停车需求全部分配在该区域的停车设施内。以上思路可表达为:

$$\begin{cases} \sum_i Q_{ij} = A_j \\ \sum_i Q_{ij} = D_j \\ \sum_i \sum_j Q_{ij} = \sum_i D_i = \sum_j D_j = G \end{cases} \quad (2-21)$$

式中：i、j——停车生成源的交通小区和吸引源的停车设施编号；

$\quad$ Q_{ij}——由 i 小区生成并停放于设施 j 中的车辆数；

$\quad$ D_i——第 i 小区生成的停车需求数；

$\quad$ A_j——停车设施 j 处的停放车辆数。

在由停车生成点（交通小区）、停车设施、道路网络、停放车辆等组成的系统中，停车分布矩阵 $\{Q_{ij}\}$ 可作为随机变量的集合，任何特殊的分布矩阵只是该对称系统中的一个状态。由此可定义该系统的熵，然后在关于该系统的约束下，求解使系统熵为最大值的状态，即为需要预测的分布。

三、多目标对比系数模型

多目标对比系数法的原理主要是通过多目标决策分析来解决停车设施的多个选址的选优问题。

假设对区域停车设施的选址规划有 n 个目标（影响因素）$a_1, a_2, \cdots, a_n$，记 $N = \{1, 2, \cdots, n\}$，拟定了 m 个决策方案（备选停车场地址）$x_1, x_2, \cdots, x_m$，记 $M = \{1, 2, \cdots, m\}$。方案 x_j 对于目标 a_i 的取值记为 $a_i(x_j)$，称为目标函数。目标函数 $a_i(x_j)$ 越大，则方案 x_j 在目标 a_i 下越优。目标函数对于某一指定的目标具有对比性，即对任意的 $k, s \in M$，存在 $i \in N$ 使得 $a_i(x_k)$ 与 $a_i(x_s)$ 可比。在指定目标 a_i 下，有：

优选原则一：如果 $a_i(x_k) > a_i(x_s)$，则 $x_k > x_s$，即在目标 a_i 下，方案 x_k 优于 x_s。

对比系数选址的最终目的，是要在多个目标共同制约下，对多个方案进行综合比较，从中选出一个满意方案，或者对多个方案进行选优排序。为此，定义一个综合对比系数 f_j，使：

$$f_j = \sum_{i \in N} f_{ij}, j \in M \quad (2-22)$$

$$S.t. \begin{cases} f_{ij} = \dfrac{a_i(x_j) - D_i}{E_i} \\ D_i = \min\{a_i(x_j)\} \\ E_i = \max\{a_i(x_k) - a_i(x_s)\}, k, s \in N \end{cases}$$

以上定义的对比系数 f_j 综合反映了 x_j 在多个目标下的优劣性，通过比较 f_j 的大小，可以得到多个方案的优选序列。此时，若记 $U = \{a_i \mid i \in N\}$ 为目标集合，则在多目标 U 下有：

优选原则二：对于任意 $k, s \in M$，若存在 $f_k > f_s$，则 $x_k > x_s$，或记 $f_k = \max\{f_j\}$，$j \in m$，则 x_k 为多目标对比下的最优方案。

由于在实际问题中通常要考虑多个目标的权重，此时综合对比系数 f_j 的定义可改写为：

$$f_j = \sum_{i \in N}(W_i \cdot f_{ij}), j \in M \quad (2-23)$$

式中：f_{ij}——意义同前；

W_i——目标 a_i 的权重,且满足归一化(即 $0 \leqslant W_i \leqslant 1$,$W_i$ 的和为 1)。

应用多目标对比系数法进行停车设施的选址规划,其具体步骤可表示为:

(1)针对区域停车场实际背景,确定多目标函数值 $a_i(x_j)$,如停车位至目的地的步行距离、停车场可达性、投资费用等;

(2)对任意目标 $a_i,i \in N$,计算 E_i;

(3)对任意目标 $a_i,i \in N$,任意方案 $x_j,j \in M$,计算 f_{ij};

(4)对任意方案 $x_j,j \in M$,计算对比系数 f_j;

(5)依据优选原则二,对多个停车场选址规划方案进行选优排序,或从中选定一个满意方案。

四、布局规划方法

从车辆停放后的目的看,有些停放需求在时间和空间上有较强的约束,如上班停车、夜间停车,此类可称为刚性停车需求;而有些停放在时间和空间上相对具有灵活性,如休闲、购物、餐饮等,此类可称为弹性停车需求;对于休闲、购物等出行,一旦选定出行目的地,其停车需求也相应具备了刚性,因此产生一种半刚性的停车需求。另外,微观上周边土地使用性质、区域土地开发强度和建成规模,宏观上城市社会经济发展水平、机动车保有量水平等都具有一定程度的不确定性,这些因素都会影响城市某一区域具体的停车需求。因此,公共停车场规划布局要能够适应城市建设的不确定性、停车需求的三重性以及城市机动车保有量预测与实际发展可能的偏差引起的停车需求的波动。基于上述思想,考虑规划管理的可操作性,有必要对公共停车场的规划布局按照刚性布局、半刚性布局和弹性布局进行分类。

采用不同弹性程度的规划布局方法,能够做到宏观与微观结合、刚性和弹性并举,规划成果中既有必须执行的明确内容,又有城市停车发展的弹性空间,避免规划方案过于偏重刚性或弹性,很好地解决城市不同区域、不同建设开发进程中的停车问题,实现资源合理配置和城市停车可持续发展的最终目标。

具体而言,在进行某个城市的停车设施规划时,可在布局的层面上采用不同弹性程度的方法,分别解决城市建设开发过程中不同的停车问题。

1. 刚性布局

(1)刚性布局指停车设施的用地、规模与形式等已经确定。

(2)每个刚性布局点均充分考虑了停车需求、建设规模、征地范围、建设用地范围、控制容积率、出入口方位、资金投入产出比以及实施效果综合评价。

(3)采用刚性布局方法设置的停车设施应主要分布在机动车停车设施供需矛盾集中、车辆乱停乱放现象最严重的地区。这类停车设施可以直接用于指导近期建设,解决紧迫的停车问题。

(4)刚性布局的停车设施一经确定,原则上不得更改。

(5)刚性布局设施的供应量宜占公共停车总供应量的 30% 左右,主要应分布在老城区和中心城区。

2. 半刚性布局

(1)半刚性布局指某一片区域总的停车位供应量已经确定,具体停车场用地、形式、规

模、控制容积率、出入口方位等基本确定,但有待根据区域开发建设情况最后落实;

(2)半刚性停车场具体运作时可由规划管理人员根据实际情况协调确定;

(3)该类停车设施主要布置在城市建设用地尚有一定不确定性和弹性的城区,供应量宜占总供应量的20%～30%。

3.弹性布局

(1)弹性布局指在某个较大范围的区域内,停车位供应规模基本确定,停车位的实现形式可以因地制宜、灵活多样,由多个分散的停车设施共同承担。

(2)停车位的实现更多地依赖土地开发的类别、规模和进程。拟定的点位和规模一方面作为规划管理时参考,另一方面便于控制一定的停车设施用地。

(3)停车设施实现的形式可以是单独的停车场(库),也可以是配建停车场(库),可以是地面停车场,也可以是立体车库。

(4)弹性布局设施的供应量宜占总供应量的40%～50%,主要分布在城市新建地区、外围城区或城市边缘区。

利用上述三类布局方法设置的停车设施在建设时间上没有绝对的先后顺序,任何选址方便、条件适合的停车设施均可在近期先行建设,但刚性布局停车设施所在区域的停车矛盾通常比较突出,停车设施的前期选址工作准备较充分,最适合短期内迅速建设。

第七节　路外公共停车设施建造形式选择

路外公共停车设施按其建造形式大致可分为平面停车场、地下停车库和立体机械式停车楼等。不同建造形式具有不同的特征和适用范围,选择建造形式时须考虑区位条件、用地规模及交通条件等因素。

一、区位条件

区位条件对公共停车设施的建造形式的影响最大。对于城市中心区,由于地处城市的核心区域,区位条件优越,地价昂贵,公共停车建设用地极为紧张。因此,在规划、建设公共停车设施的时候,可优先选择地下停车库、立体停车楼等较为节约城市用地的停车设施形式。

二、用地形状和面积

停车设施建设用地的形状和面积是停车设施形式选择的主要因素。我国台湾地区台北市交通所的研究表明,当可用地宽度小于35m或者面积小于1500m²时,由于受地形限制无法设置匝道式停车场,通常只能建设立体机械式停车楼;当可用地面积大于4000m²时,就停车设施使用成本而言,不宜建造立体停车楼,宜建造平面停车设施;当可用地面积在1500～4000m²时,可根据具体情况安排。

三、建设用地与交通条件的关系

基于动、静态交通的相互影响,在选择停车建设用地和建设形式时必须考虑两者间的协调关系,停车设施的建设既要考虑其位置是否能吸引和缓解动态交通,又要满足停车设施的出入口直接邻接道路的要求,临近道路的服务水平应维持在 D 级以上水平。

我国城市中心区现有的公共停车设施大部分为平面停车设施,近年来虽然开始建设了一些地下停车库、机械式停车库,但是数量很少。而地下停车库、机械式停车库等虽造价相对较高,但以其占地少、存取方便、安全可靠、智能化等优点,十分适合在大城市建筑密集的中心区布设,同时其应用状况也反映了城市停车设施高科技的应用水平。在日韩、欧美等国家和地区的大城市,立体停车库在停车设施供给中占有相当规模,日本的机械式停车库容量已达 120 万个车位,极大地缓解了城市停车压力大、停车用地紧张的局面。

四、路内停车场规划布局

路内停车场是优缺点都比较突出的停车设施,它是停车系统中不可缺少的一部分,在整个城市停车系统中的功能定位应为"路外停车场的补充和配合"。要科学规划和设置路内停车场,应确定路内停车场合理的规模、停车场的位置、允许停车的时间、不同的停车位布置方式等。

正确认识路内停车场的地位和作用关系到如何对待路内停车场、规划多少路内停车位的问题。要做好城市的路内停车场规划,首先必须明确路内停车场在城市停车系统中的地位和作用,据此确定路内停车场的规模及制定相应的政策策略和规划方案。

(1)路内停车场是停车系统中不可或缺的一部分。路内停车场能充分发挥道路功能,而且方便停车者的停车需要,这决定了路内停车场的重要性和必要性。

(2)路内停车场在整个城市停车系统中的功能定位应为"路外停车场的补充和配合"。城市道路的主要功能是满足出行者通行的需要,而不是满足车辆停放的需要,这决定了路内停车场只是对道路在满足动态交通需求之后的剩余能力的一种充分利用。因此,它不可能取代路外停车场在城市停车系统中的主体作用。

(3)要依据不同的城市、区位特征来确定路内停车场的地位和作用。在不同的城市及不同的城市区域,由于经济发展程度不同,用地性质与功能不一样,土地的开发程度也不一样,所以应该根据当地的实际情况区别对待路内停车场的地位与作用。

五、规划原则

路内停车场的规划设置,主要是解决短时停车需求,提供短时停车服务以及弥补路外停车供应不足。路内停车规划应根据路边停车规划区域内不同时间段可以提供路内停车的道路空间、路内停车场所的使用特征以及当地的停车管理政策,规划设置允许停放车辆的路内停车位,在合适的地段和时段规划一定的路边停车位来满足短时停车的需要。

1. 路内停车规划原则

(1)路内停车规划必须满足城市交通发展战略、城市交通规划及停车管理政策的要求,也应与城市风貌、历史和文化传统、环保等要求相适应;

(2)路内停车规划应根据城市路网状况、交通状况、路外停车规划及路外停车设施建设状况,确定路内停车位规划的控制总量;

(3)路内停车规划应考虑公交车走廊与自行车走廊的布局,尽量避免路内停车规划与其

相互冲突;

(4)路内停车位设置应满足交通管理要求,并保证车流和人流的安全与畅通,对动态交通的影响应控制在容许范围之内;

(5)路内停车场应与路外停车场相协调,随着路外停车场的建设与完善,路内停车场应做相应的调整。

2.路内停车场设置准则

(1)次干道与支路路宽在10m以上,道路交通高峰饱和度低于0.8时,允许设置路内停车场,但必须以保证行车顺畅为原则,以该地区路外公共停车场及建筑物配建停车场停车位不足为前提。在路外公共停车场设施的周围200~300m内,原则上禁止设立路内停车场,已经设置的应予以清除。

(2)在城市快速路和主干道上禁止设置路内停车场。为避免造成交叉路口的交通混乱,路内停车场的设置应尽可能地远离交叉路口,交通量较大的道路上应避免车辆左转出入停车场,高峰时段内禁止左转。

(3)路内停车场的设置应因地制宜。在一些非机动车流量小的道路及近期新建、扩建的道路,交通量一般较小,道路利用率低,可研究开辟路内停车场;在交通管理者规定机动车单向行驶的道路上,交通组织较为方便,可适当设置路内停车场;在城市高架道路、匝道下净空允许处等位置,可设置规模适合的地面停车场。在城市步行街、公交专用道和自行车专用道等路段上,不得布设路内停车场。路内停车场应尽量小而分散,推荐每个路内停车场停车位量以不大于30个为宜。

(4)路内停车场的设置应以现状为基础,中心区内原则上不再增加新的路内停车场和停车位;不宜采用占用人行道空间的路内停车场形式。

(5)在城市主、次干道及交通量较大的支路以及对居民生活影响较大的道路上,不宜设置路内停车位。

(6)在对全社会开放的大型路外停车场服务半径范围内,设置的路内停车位必须与路外停车管理相协调,采取相应的路内停车管理措施。

(7)当道路上车道宽度(B)小于允许路侧停放车辆的最小宽度时,不得在路内设置停车位(表2-2)。

设置路内停车场与道路宽度关系表　　　　　　　　　　　　　表2-2

道路类型		道路车道宽度	停车要求
街道	双向道路	$B \geqslant 12m$	允许双侧停车
		$12m > B \geqslant 8m$	允许单侧停车
		$B < 8m$	禁止停车
	单向道路	$B > 9m$	允许双侧停车
		$9m > B \geqslant 6m$	允许单侧停车
		$B < 6m$	禁止停车
小巷或断头路		$B \geqslant 9m$	允许双侧停车
		$9m > B \geqslant 6m$	允许单侧停车
		$B < 6m$	禁止停车

（8）路内停车场主要设置在支路、交通负荷较小的次干道等处。

（9）路内停车场对道路交通的影响应控制在容许范围之内,即次干道 V/C（路段交通量/通行能力）$\leqslant 0.85$,支路 $V/C \leqslant 0.90$。当 V/C 值超过上述规定时,如仍要设置路内停车场,则应对其影响做进一步的分析后确定是否设置。

（10）路内停车位与交叉路口的距离以不妨碍行车视距为设置原则,建议与相交的城市主、次干道缘石延长线的距离不小于 20m,与相交的支路缘石延长线的距离不小于 10m;单向交通出口方向,可根据具体情况适当缩短与交叉路口的距离。

（11）路内停车位与有行车需求的小巷出口之间,应留有不小于 2m 的安全距离。路内停车位的设置应给重要建筑物、停车库等出入口留出足够的空间;在公交车站、消防栓、人行横道、停车标志、让路标志、信号灯等设施前后一定距离内不应设置路内停车位,具体参照《中华人民共和国道路交通管理条例》等有关规定。

（12）依据上述原则确定路内停车位设置范围;路内停车位设计与规划时应根据实际情况确定停车位的大小和数量,且必须控制在停车位设置范围之内。

（13）在一些符合条件的路段,可以根据道路的交通特征以及当地的停车管理政策,设置全天或分时段允许停放车辆的路内停车位。

（14）根据停车管理的需要,路内停车场的设置应保证一定的规模,具体应结合道路的实际情况而定,并满足上述停车位设置准则的要求。

六、路内公共停车场合理设置规模模型法

路内停车场和路外停车场都是公共停车场不可缺少的组成部分。一般来说,路内停车场的设置地点离出行目的地较近,便利性强、周转率高,但同时形成路段交通流的活动瓶颈,对其他出行者影响较大;路外停车场的设置地点离出行目的地较远,便利性弱、周转率较低,但对路段其他出行者影响较小。因此,要寻求路内停车场与路外停车场停车位设置的合理匹配关系,确保既能保障较好的停车便利性,又能将对路段其他出行者的影响控制在一定的范围内,追求系统总效益的最大。

1. 车辆停放者行为选择模型

车辆停放特征显示,路内停车到达服从泊松分布,被服务的时间即停车时间服从负指数分布。因此,在停车行为选择模型中假设车辆停放者首选路内停车场,当路内停车场停满时,后来的车辆将另外寻找路外停车场,不会排队等候空位。可以将车辆停放者的行为选择视为泊松分布/负指数分布/N 个服务台的损失制排队系统。

假设车辆停放者的到达服从参数为 λ 的泊松分布,车辆停放者使用停车位的时间服从参数为 μ 的负指数分布,目的地有 P_m 个服务台（即 P_m 个路内停车位）。

路内停车场空闲的概率 $P(0)$:

$$P(0) = \left(\sum_{k=0}^{P_m} \frac{P_m \cdot K}{K!} \right)^{-1} \tag{2-24}$$

车辆停放者因停车场已满而被拒绝的概率 $P(P_m)$:

$$P(P_m) = \frac{P_m \cdot \rho}{m!} P(0) \tag{2-25}$$

式中：m——计数间隔 t 内平均到达人数，$m = \lambda t$；

　　　ρ——路内停车场服务强度，$\rho = \dfrac{\lambda}{P_m \cdot \mu}$。

单位时间内被拒绝的车辆数 Z_j：

$$Z_j = \lambda \cdot P(P_m) \tag{2-26}$$

2. 车辆停放者成本模型

对于车辆停放者而言，当出行目的地附近路内停车场没有空位时，短时停车也必须停放在路外停车场，造成停车绕行所产生的时间损失、步行至目的地距离增加以及路内和路外停车收费的差异等，直接导致停车者停放成本改变。

因此，定义车辆停放者的成本函数为 $S(P_m)$，它包括路外停车与路内停车的停放时间差和停放费用差两部分，$S(P_m)$ 随着路内停车规模的增大而减小。

$$S(P_m) = Z_j \big[AmT_l + f_l(t) \big] \tag{2-27}$$

式中：Z_j——单位时间内被路内停车场拒绝而转向路外停车场的车辆数（辆/h）；

　　　A——小汽车出行者平均单位时间价值 [元/（人·h）]；

　　　m——每辆小汽车平均载客数（人/辆）；

　　　$f_l(t)$——路外停车与路内停车费用差（元）；

　　　T_l——车辆在路外停放相对路内停放的增加时间（h）。

式（2-27）中 T_l 与车辆停在路外造成的平均绕行距离和步行距离有关，可按下式计算：

$$T_l = \frac{\overline{L}}{v_1} + 2\frac{\overline{L}}{v_2} + t_1 \tag{2-28}$$

式中：T_l——车辆停在路外造成的平均绕行时间（h）；

　　　$\overline{L}$——平均步行距离（km/h）；

　　　$\overline{v_1}$——车辆绕行的平均速度（km/h）；

　　　$\overline{v_2}$——平均步行速度（km/h）；

　　　t_1——路外停车操作与路内停车的平均时间差（h），可根据调查时间取均值。

3. 路段出行者出行成本模型

设置路内停车场后对动态交通的影响主要体现在降低道路通行能力，增加道路的负荷度，从而对其他小汽车出行者的行程速度造成影响，产生了延误，增加出行成本。定义对其他出行者增加的出行成本 $N(P_m)$，$N(P_m)$ 为路段其他出行者由于路段停车场产生延误而产生的增加的出行成本，$N(P_m)$ 随着路内停车规模的增加而增大。故 $N(P_m)$ 定义为：

$$N(P_m) = AmD_t \tag{2-29}$$

式中：A——小汽车出行者平均单位时间价值 [元/（人·h）]；

　　　m——每辆小汽车平均载客数（人/pcu）；

　　　D_t——设置路内停车场每小时对路段车流形成的总延误（h）。

4. 路内停车场合理规模模型

路内停车场的最佳规模也即系统总成本最小时，路内停车场与路外停车场规模之间合理的匹配关系。如图 2-4 所示，随着路内停车场规模的增大，停车者的停放成本随着路内停车场规模增大而逐渐变小,而非停车的路段其他出行者出行成本随着路内停车场规模增大而逐渐变大。因此,社会总成本,也即停放者的停放成本和其他非停放者的出行成本之和,必然存在一个最小值,此时的路内停车场规模即为最佳的路内停车场规模。

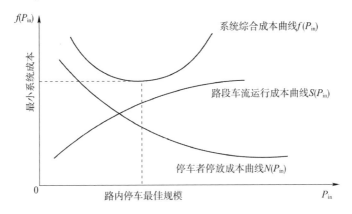

图 2-4　停车的社会综合成本随路内停车场规模变化示意图

路内停车场合理规模建模的思路是以交通系统综合成本最小为目标,实现驾车者停放成本和车流运行成本的综合优化。

$$\min f(P_{in}) = S(P_{in}) + N(P_{in}) \quad (2\text{-}30)$$

$$\text{s.t.} \begin{cases} S(P_{in}) = Z_j[AmT_1 + f_1(t)] \\ N(P_{in}) = AmD_t \\ Z_j = \lambda \cdot P(P_{in}) \\ 0 < P_{in} < P_d \\ S(P_{in}) > 0 \\ N(P_{in}) > 0 \\ P_{in} \leqslant P_{in\,max} \end{cases} \quad (2\text{-}31)$$

式中:$P_{in\,max}$——路段可设置的最大路内停车位数量。

其余符号意义同上。

七、经验法

1. 控制规模分析思路

在路外停车场容量的控制下,根据城市停车的整体需求量预测,分析确定路内停车场在城市停车结构中的合理比例,从而得出路内停车控制规模。路内停车控制规模分析的思路如图 2-5 所示。

2. 确定控制规模影响因素分析

(1)分析确定路内停车场在停车系统中所占比例时,考虑的主要因素有:路内停车场在整个城市中所发挥的作用;现状与未来的路外停车场的状况;路外、路内停车者的停车特征;机动车保有量及结构的发展趋势;规划区域在城市中的地位以及土地利用情况。

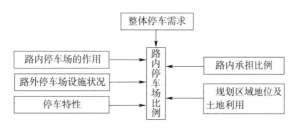

图 2-5　路内停车场控制规模分析思路流程

(2)控制路内停车规模时,考虑的主要影响因素有:道路条件;交通条件;路外停车场的状况;交通管理水平。

3.路内停车场控制总规模预测

根据国内外的经验,对各种影响因素进行分析,确定路内停车场承担总体停车需求中的比例;参照国内外城市路内停车位的周转率,同时考虑城市本身的路边停车特征的情况,确定规划年路内停车位周转率,从而得出规划区域路内停车场规划的控制总规模。

第八节　路内停车场布局规划方法

一、路内停车场设计流程分析

设置路内停车场的主要步骤可分为以下 5 个方面:

(1)根据路边停车的调查,选择需要设置路内停车场的路段。要根据道路条件与交通量状况,并经过路边停车设置原则和准则的评价,对路段能否设置路内停车场做出初步判断。

(2)确定路内停车场的设计目标:①控制路段车流的饱和度与延误;②路内停车场设置产生的交通出行和车辆停放的总成本最小。

(3)对设置条件进行分析,主要包括道路条件与交通量条件两方面,其中道路条件包括路段宽度和道路横断面形式(包括机动车道数、机非车道隔离方式等);交通量条件包括路段机动车、非机动车和行人的流量。如果道路和交通量条件不适宜设置路内停车场,则需要对道路进行改造;如果道路难以改造或改造后还难以满足要求,则表明该路段不适合设置路内停车场或需要重新选择其他道路。

(4)研究路内停车场合理位置的选择,分析路内停车场与信号灯交叉路口、建筑物出入口及人行横道之间的间距关系,以及考虑受地形条件及特殊交通环境的限制。

(5)对路内停车场停车位的设计方法及其适应性进行研究,并在此基础上考察路内停车场的设置是否满足设计目标,如果不满足,则还需要重新设计路内停车场。

二、设置路内停车场的道路和交通量条件分析

(一)设置路内停车场的道路条件

1.道路宽度要求

路内停车场的设置应与车行道的宽度相适应,可设置路内停车场的道路最小宽度应满

足表 2-2 的规定。

2. 道路横断面形式

1) 一幅路道路

对于一幅路道路,一般在机非混行车道上设置路内停车场。因此,一方面要保证设置后车辆能顺利通行,另一方面要能将设置路内停车场后形成的延误控制在一定的范围以内。

2) 二幅路道路

对于二幅路道路,一般设置于城市郊区道路,路内停车需求小,且非机动车流量小,可参照一幅道路的相关要求。

3) 三幅路和四幅路道路

对于三幅路和四幅路,由于存在机非物理分隔,在机动车道设置路内停车场对路段机动车流影响较大,因此一般选择在非机动车道或人行道上考虑设置路内停车场。如在非机动车道上设置路内停车场,必须保证在设置以后,非机动车仍能顺利通行;在人行道上设置路内停车场,同样必须以不影响行人正常通行为原则。同时,必须对这两类停车场的出入口严格控制,做到进出停车场安全、有序,减少对行人、非机动车和机动车的影响。

（二）设置路内停车场的交通量条件

在道路条件满足设置路内停车场要求的前提下,路段机动车流量、非机动车流量和行人流量等将是判断道路能否设置路内停车场的主要依据。

1. 路段机动车流量

受路段机动车流量影响的主要是设置在机动车道、机非混行道路上的路内停车场。通常,路段机动车运行速度随着路段机动车流量增长而逐渐降低,这种影响随着路内停车场的设置而变得更为明显。可参照表 2-3 给出的设置路内停车场推荐的路段机动车流量和非机动车流量条件及相关要求。

设置路内停车场的路段机动车流量及相关要求　　　　　　表 2-3

机动车饱和度	机动车交通流情况			是否允许设置路内停车场
	服务水平	交通状况	高峰小时系数（PHF）	
$V/C \leq 0.6$	A	自由流	PHF ≤ 0.7	允许
$0.6 < V/C \leq 0.7$	B	稳定流（轻度延误）	$0.7 < PHF \leq 0.8$	允许
$0.7 < V/C \leq 0.8$	C	稳定流（可接受延误）	$0.8 < PHF \leq 0.85$	允许
$0.8 < V/C \leq 0.9$	D	接近稳定流（可容忍延误）	$0.85 < PHF \leq 0.9$	禁止
$0.9 < V/C \leq 1.0$	E	不稳定流（拥挤）	$0.9 < PHF \leq 0.95$	禁止
—	F	强迫流（堵塞）	—	禁止

2. 非机动车流量

受非机动车流量影响的主要是设置在机非隔离和机非混行车道上的路内停车场。

对于设置在机非隔离机动车道的路内停车场,设 Q_n 为非机动车交通量,N_0 为每米宽度车道上的自行车连续行车 1h 的通过量,B 为设置路内停车场后的非机动车道的有效宽度,则设置路内停车场后的非机动车道的 V/C 可表达为:

$$\frac{V}{C} = \frac{Q_n}{N_0 B} \tag{2-32}$$

一般建议 V/C 应小于 0.7,以便非机动车流保持稳定。

3. 行人流量

在人行道上设置路边停车场不仅占用了人行道宽度,同时停放车辆的驶入、驶出也会对路段行人产生影响。人行道行人使用率与道路行人流量、有效宽度有关(如图 2-6 和图 2-7 所示)。总体而言,随着宽度的增加,人行道的利用率也逐渐提高。但应注意到,当人行道宽度小于 1m 时,利用率开始陡降;当人行道宽度为 0.8m 时,利用率仅为 47.3%;当人行道宽度大于 1.8m 时,人行道利用率稳定在 95% 以上,此时宽度的影响减小,而 1.8m 这个数字恰巧为英国道路设计规范中人行道的最小宽度。

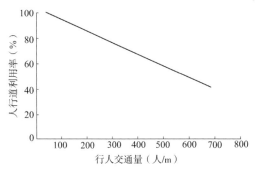

图 2-6　行人交通量与人行道利用率关系图　　　　图 2-7　道路有效宽度与人行道利用率关系图

进一步观测人行道利用率与行人流量的关系,随着单位长度行人交通量(人/m)的增加,人行道利用率呈明显下降趋势,如果因此导致行人占用非机动车道,不但会影响非机动车行驶,而且还会迫使非机动车驶入机动车道,造成机非混行。因此,设置在人行道上的路内停车场要保证人行道的高使用率。调查数据分析显示,当行人交通量 $q_p \leqslant 200$ 人/h 时,人行道最小宽度应保证在设置路内停车场后用于行人通行的道路宽度大于 1.8m;当行人交通量 $q_p > 200$ 人/h 时,满足下式宽度的人行道宽度可设置路内停车场:

$$\omega_p \geqslant 0.09 q_p \tag{2-33}$$

三、路段设置路内停车场的合理位置

(一)设置路内停车场与信号灯交叉路口间距的关系

信号灯交叉路口的运行效率主要由通行能力、饱和度、车辆受阻延误和停车次数 4 个参数表征。如果在设置路内停车场时不对其与信号灯交叉路口的间距加以考虑,往往会对交叉路口的运行效率产生较大的影响,甚至会形成瓶颈而阻塞交叉路口。

1. 设置在进口道的路内停车场与交叉路口关系

对于设置在进口道的路内停车,不同路内停车段到交叉路口的距离(D)会对交叉路口产生不同的影响。

1)交叉路口有效饱和流量

对于信号灯交叉路口而言,在红灯时间到达的车辆必须排队等候。当排队长度超过 D 时,进口道交叉路口饱和流量将不再均匀,绿灯启亮后,车辆先在 g_1 时间内以饱和流量(S_1)驶出交叉路口,再在 g_2 时间内以相对较小的流量(S_2)驶出交叉路口,$g_2 = g - g_1$,g 为绿灯时间。由此可以求出有效饱和流量 S 为:

$$S = S_1 \frac{g_1}{g} + S_2 \frac{g_2}{g} = (S_1 - S_2) \frac{g_1}{g} + S_2 \quad (2-34)$$

考虑有效饱和流量 S 的影响因素为路内停车路段到交叉路口的距离 D 和绿灯时间 g，因此饱和流量可以写成 D 与 g 的函数，即：

$$S = f(D,g) \quad (2-35)$$

交叉路口进口车道总宽度与饱和流量存在如下线性关系：

$$S = \alpha \cdot (W - W_0) \quad (2-36)$$

式中：W——车道总宽度，$5.2\text{m} < W < 18\text{m}$；

W_0——车道宽度损失值；

α——一般取值为 0.146。

同时韦伯斯特（Webster）指出：在进口道的停放车辆，W_0 一般与 D 有如下关系。

$$W_0 = \beta - \frac{\gamma \cdot (D - \delta)}{g} \quad (2-37)$$

式中：$\beta = 1.68, \gamma = 0.9, \delta = 7.62$，且 D 值不应小于 7.62m。

将式(2-37)代入式(2-36)，可求出有效饱和流量 S 与路内停车路段到交叉路口的距离 D 的关系式为：

$$S = 0.146 \left[W - 1.68 + \frac{0.9(D - 7.62)}{g} \right] \quad (2-38)$$

2) 最佳设置路内停车场与信号灯交叉路口间距

分析式(2-38)可知，路内停车场对信号灯交叉路口有无影响取决于有效饱和流量 S 的值，如果 D 值充分大，或有效绿灯时间足够短，则设置路内停车场对信号交叉路口的影响将能最小化。这里分别对非饱和状态和过饱和状态交叉路口进行分析。

对于非饱和状态的交叉路口，假设设置路内停车场路段单向机动车交通量为 q，周期时间为 c，在红灯时间 r 内停在交叉路口停车线内车辆数 q_p 为：

$$q_p = \frac{q}{3600} \cdot r \quad (2-39)$$

设停在停车线排队车辆每辆车平均占道路长度为 l，进口道车道数为 n，则最佳设置路内停车场与信号交叉路口间距 D（单位：m）为：

$$D = \frac{q}{3600 \cdot n} \cdot r \cdot l \quad (2-40)$$

因此，当信号灯交叉路口进口道处于非饱和状态时，只有当红灯时间到达排队车辆 q_p 长度小于等于 D 时，路内停车场对信号灯交叉路口的影响才能最小化。

对于过饱和状态交叉路口，由于交叉路口排队车辆长度随着时间增长而延长，用排队长度来决定 D 已经不切实际，因为此时的一个周期车辆到达数将大于一个周期驶离交叉路口车辆数 $\left(\frac{q}{3600} \cdot c > S \cdot g\right)$，此时的 D 值可考虑大于或等于一个周期内即绿灯时间内放行车辆的长度 L，只有当 $D \geq L$ 时，在每个周期 c 内的路内停车场对放行车辆不产生额外延误。同样假设停在停车线排队的车辆每辆车平均占据的道路长度为 l，进口道车道数为 n，宽度为 W，则最佳设置路内停车场与信号灯交叉路口间距 D（单位：m）为：

$$D = \frac{\alpha \cdot W \cdot c \cdot l}{n} \qquad (2\text{-}41)$$

图2-8、图2-9分别为非饱和状态时和过饱和状态时的车辆到达与离开交叉路口过程图。

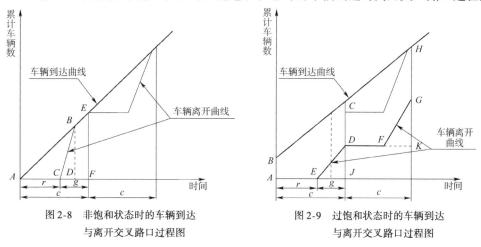

图2-8 非饱和状态时的车辆到达
与离开交叉路口过程图

图2-9 过饱和状态时的车辆到达
与离开交叉路口过程图

因此,综合非饱和状态和饱和状态最佳设置路内停车场与信号灯交叉路口间距的分析,可以得出最佳的设置路内停车场与信号灯交叉路口间距为:

$$D = \min\left(\frac{q}{3600} \cdot r \cdot l, \frac{\alpha \cdot W \cdot c \cdot l}{n}\right) \qquad (2\text{-}42)$$

3)最小设置路内停车场与信号灯交叉路口间距

对于最小设置路内停车场与信号灯交叉路口间距的考虑,主要考虑设置路内停车场不至于堵塞交叉路口,使得交叉路口过于饱和,因此在最小设置路内停车场与信号灯交叉路口间距的情况下,主要考虑非饱和状态的设置路内停车场对信号灯交叉路口的影响。根据式(2-38)的推导,得出路内停车场影响下的交叉路口有效饱和流量 S 与信号灯交叉路口间距 D 的关系式,由此要求在设置路内停车场情况下不至于堵塞交叉路口的必要条件是:有效绿灯时间内驶离交叉路口的车辆数大于等于到达交叉路口车辆数。

$$S \cdot g \geq \frac{q}{3600} \cdot c \qquad (2\text{-}43)$$

即:

$$D \geq 1.1 \cdot \left(\frac{q \cdot c}{525.6g} - W + 1.68\right) \cdot c + 7.62 \qquad (2\text{-}44)$$

当 $D < 1.1 \cdot \left(\frac{q \cdot c}{525.6g} - W + 1.68\right) \cdot c + 7.62$ 时,交叉路口将处于过饱和状态,排队长度无限增长;

当 $D = 1.1 \cdot \left(\frac{q \cdot c}{525.6g} - W + 1.68\right) \cdot c + 7.62$ 时,交叉路口刚好达到饱和,因此该值为设置路内停车场离信号灯交叉路口的最小值。

2.设置在出口道的路内停车场与交叉路口关系

设置在出口道的路内停车场主要影响交叉路口车辆的驶入,如果处理不恰当,同样会使得在有效绿灯时间内交叉路口内的车辆得不到正常疏散,严重时同样会阻塞交叉路口。

对于设置在出口道的路内停车场,当有效绿灯时间开始时,交叉路口车流以速度 v 驶入出口道,当进入路内停车场影响区域时,与非机动车形成机非混行,车速降为 v_b,形成集结波,并以 ω_1 的速度向后扩散,其表达式可表示为:

$$\omega_1 = \frac{q_2 - q_1}{k_2 - k_1} \tag{2-45}$$

式中: q_1——进入路内停车场前路段交通量(辆/h);
q_2——进入路内停车场后路段交通量(辆/h);
k_1——进入路内停车场前路段交通流密度(辆/km);
k_2——进入路内停车场后路段交通流密度(辆/km)。

排队车辆长度为 L_s,当 $\frac{L_s}{v_b} \geq g$ 时,在上游交叉路口有效绿灯时间 g 内,拥挤车辆数的最大数 N_m 可表示为:

$$N_m = (v_b - \omega_1) \cdot g \tag{2-46}$$

当 $\frac{L_s}{v_b} < g$ 时,在上游交叉路口有效绿灯时间 g 内,拥挤车辆数的最大数 N_m 可表示为:

$$N_m = (v_b - \omega_1) \cdot \frac{L_s}{v_b} - \omega_1 \cdot \left(g - \frac{L_s}{v_b} \right) \tag{2-47}$$

在上游交叉路口红灯时间 r 内,拥挤车辆开始消散。假设车流离开路内停车场后路段交通量为 q_3,密度为 k_3,则消散波往后扩散速度 ω_2 为:

$$\omega_2 = \frac{q_3 - q_2}{k_3 - k_2} \tag{2-48}$$

则一个周期后剩余拥挤车辆数 N_s 为:

$$N_s = N_m - \frac{q_3 - q_2}{k_3 - k_2} \cdot r \tag{2-49}$$

K 个周期的排队车辆数 N_t 为:

$$N_t = \sum_{i=1}^{K} \left(N_{mi} - \frac{q_i - q_{i-1}}{k_i - k_{i-1}} \cdot r \right) \tag{2-50}$$

式中: N_{mi}——i 路内拥挤车辆数达最大数;
q_i——进入 i 路内停车场前路段交通量(辆/h);
q_{i-1}——进入 i 路内停车场后路段交通量(辆/h);
k_i——进入 i 路内停车场前路段交通流密度(辆/km);
k_{i-1}——进入 i 路内停车场后路段交通流密度(辆/km)。

一般来说,交叉路口各个周期的交通量是不断变化的,考虑设置在出口道的路内停车场不影响交叉路口车辆的驶入的条件是:K 个周期(一般可取高峰时段 1h, $K = 3600/c$)后排队车辆长度 L_s 小于 D,即排队长度不堵塞交叉路口,有:

$$D \geq N_t \cdot l = \sum_{i=1}^{K} \left(N_{mi} - \frac{q_i - q_{i-1}}{k_i - k_{i-1}} \cdot r \right) \cdot l \tag{2-51}$$

(二)与建筑物出入口及人行横道之间间距的设计

考虑到路内停车场的设置与建筑物出入口及人行横道间的关系,主要从安全的角度协调路内停车场与这些特殊设施间的关系。路内停车场设置与建筑物出入口和人行道之间距离过短,往往会影响路段机动车驾驶人、人行横道行人以及进出单位驾驶人的视距,容易发生危险,造成交通事故。因此,在与建筑物出入口及人行横道的设计上,要充分考虑驾驶人和行人的视距要求。

1. 与建筑物出入口间距的设计

与建筑物出入口间距的设计可采用美国国家公路与运输协会标准中的"驶离视距三角形"来规定路内停车场间距要求(见图 2-10 和图 2-11)。

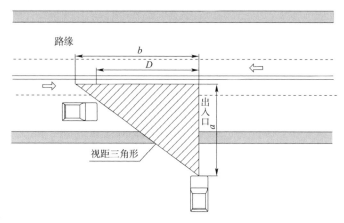

图 2-10　冲突点由左方车辆引起时的视距三角形

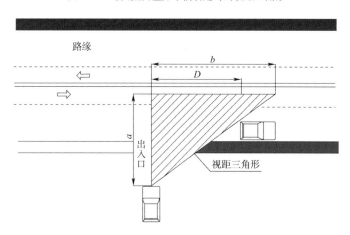

图 2-11　冲突点由右方车辆引起时的视距三角形

图 2-10 和图 2-11 中,a 为驶出的汽车到车道中心线的距离。对于驶出进出口的车辆而言,当冲突车辆从左侧来时,$a = 4.4\text{m} +$ 路内停车场宽度 + 单行车行道宽度/2;当冲突车辆从右侧来时,$a = 4.4\text{m} +$ 半幅路面宽度 + 单行车行道宽度/2。视距三角形的边长 b 采用下式计算:

$$b = 0.278v \cdot t_g \tag{2-52}$$

式中:v——开口面向道路机动车设计速度(km/h);

t_g——进出口车辆能插入或穿越道路车流的时间间隙(s),小汽车左转取 7.5s,右转时取 6.5s。

则路内停车场与进出口间必须保持的安全距离 D 可表示为：

$$D = \frac{4.4 + L}{4.4 + L + \frac{B}{2}} \cdot b \qquad (2-53)$$

式中：L——路内停车场宽度(m)；

　　　　B——行车道宽度(m)。

2. 与人行横道间距的设计

路内停车场的设计要同样保证人行横道行人的视距和安全，一般要求路内停车场在人行横道上游时要距离人行横道 5m 以上，在人行横道下游时要距离人行横道 3m 以上。

（三）路内停车场与道路环境条件

考虑道路及周围环境的限制，路内停车场的设置应对其负面效应进行有效的控制，具体设置的道路环境条件见表 2-4。

容许设置路内停车场的道路环境条件　　　　　　表 2-4

限 制 类 型	准许设置路内停车场的条件
停车区域限制	路内停车场不影响学校、幼儿园的人员及相关车辆进出
特殊地带限制	医院、消防队等重点单位车辆进出的街道；非信号灯交叉路口、桥梁或隧道处、街道拐弯处；坡度小于 0.02
负面效应限制	18:00 以后路内停车场有足够的照明条件；不影响周围居民的生活；有人负责管理路内停车场的卫生和秩序

第三章 换乘停车设施规划布局

　　停车换乘设施(以下简称 P&R)是西方国家对停车问题认识过程中的一个产物。美国、加拿大的一些低密度蔓延式的城市,具有城市面积大、人口密度低的特点。P&R 以提高通勤人员出行效率、减少小汽车的长距离出行、降低城市污染和能源消耗为主要目的。欧洲国家古城众多,城市老城区或中心区交通设施供给能力有限,通过规划 P&R 停车设施,可以引导小汽车出行者在城外停车换乘公交出行,优化交通方式结构,缓解老城区交通压力,提高出行的便捷性。因此,P&R 被认为是一种交通需求管理的过渡政策,是引导小汽车出行向公共交通方式转换、降低人们对小汽车的依赖、提高公交使用效率、缓解城市道路拥堵、调整城市交通出行结构和交通流的时空分布的最有效措施之一。

　　目前我国交通面临着城市化、机动化快速发展的压力,城市交通结构发生重大变化,城市停车矛盾日益突出,城市的停车问题必须与城市交通的其他问题通盘考虑,全面综合地分析停车与区域用地规划、公共交通系统、城市交通发展战略等诸多方面的因素。因此,换乘停车设施的布局必须与交通枢纽、主要道路相结合,与公交线路规划、场站设置等同时进行,动态调整,引导个体出行方式向公共交通方式转换,充分发挥停车管理在交通需求管理中的巨大作用。

第一节　换乘停车设施布局层次结构分析

　　P&R 的层次结构与设施功能是密不可分的。由于各个城市布局形态的不同,所面临的交通困境有差异,所采取的交通政策也不同,很难用简单的分布模式来概括所有城市 P&R 分布规律,即使是在同一个城市中,换乘设施的功能差异也会产生层次结构问题。对 P&R 实施层次划分,可以理清规划区域内各个待建设施间的重点强弱关系,明确停车设施在整个 P&R 中的等级及定位,使区域内规划的 P&R 设施共同构成一个层次分明、结构完整、功能明晰的系统。其次,P&R 设施层次划分过程也可以看成是一个从不同角度对 P&R 进行布局优化的过程。

一、P&R 层次结构影响因素分析

　　充分了解城市形态、交通模式和路网结构是 P&R 布局规划的前提和基础。一方面,P&R 的层次结构必须以城市土地利用的空间结构为基本立足点,另一方面,P&R 的布局规划应有意识地与未来城市空间结构相结合,配合轨道交通或快速道路网络的规划建设,形成一个完善的、基于可持续发展的交通系统。

(一)城市布局

从 P&R 的基本概念上看,它既是一种交通基础设施,又可以被视为一种出行方式,它的空间分布特征与城市形态的相关关系,将直接体现在城市形态与交通需求的相互作用机制中,即交通方式的选择促进相应的交通基础设施建设,从而驱动了城市形态的演变。一定的城市形态决定了不同类型用地在空间上的分离,引导了交通量的空间分布,从而产生交通出行,并反过来影响交通方式的选择。因此,P&R 空间分布特征与城市形态紧密关联。可以说 P&R 的层次结构划分是在城市形态的基础上进行的,一般而言,对应城市不同发展阶段的土地利用空间布局形态如表 3-1 所示。

城市典型形态结构发展历程表　　　　　　　　　　　　　　表 3-1

城市发展阶段	城市交通发展阶段	土地利用空间布局形态
集中城市化	生长期	单中心圈层式结构
郊区化、逆城市化	成熟期	轴向发展结构
		团状结构
		组团式结构

(二)交通模式

由于不同交通方式在运输特征、发展历程、适应范围等方面都有各自不同的特点,既互相牵制又互相补充。根据不同的交通方式在城市交通中所占地位的差异,形成了目前世界大城市客运交通千差万别的结构。但是城市客运交通发展模式则可以分为 4 种类型:以小汽车为主的发展模式,以轨道交通为主的发展模式,以常规公交为主的发展模式以及以非机动车交通方式为主、多种交通方式并存的发展模式。

大城市中 P&R 存在的前提条件必须是高机动化和高度发达的公共交通系统。在前 3 种交通模式下,这两个基本条件已经存在。但对于第 4 种模式,即以非机动车交通方式为主、公共交通欠发达、多种交通方式并存的交通发展模式,则需要结合未来发展趋势,在对 P&R 的必要性和可行性分析的基础上分阶段、分区域地引进和实施。

(三)路网结构

P&R 的布局结构必须依附于一定的路网结构而存在,因此可以说路网结构直接影响到 P&R 布局的外部形态。对现有的城市路网结构进行归纳和分析,可以得到如下 4 种类型。

1.线形或带形道路网

以一条干道为主轴,沿线两侧布置工业与民用建筑,通过从干道分出的支路联系每侧的建筑群。这种线网布局往往导致沿干道方向的交通流高度集中,形成狭长的交通走廊,大大增加了纵向交通的压力。对于这样的路网结构,可以采取沿干道两侧布置 P&R 的模式来减少干道上的交通流量。其中,支路与干道交叉点作为 P&R 的主要备选点位。此外,为减轻纵向走廊的交通压力,在城市的主要纵向干道上可采用快速、大容量、高频率的公共交通服务形式快速疏散交通流。

2.环形放射式道路网

由若干条连接城市中心的放射线和以城市中心为圆心的环形线所组成。这样的路网形式易造成中心区的交通紧张、路网超负荷,而外围路网容量得不到充分利用的情况。如果规划管理不当,还可能形成不理想的连片密集型发展模式,造成城市用地的"摊大饼"。针对这样的路网结构,P&R 将以缓解中心区交通压力、分散交通流时空分布为目的,在城市主要出入口呈分散环状布置。

3.棋盘式道路网

这种路网的非直线系数较大,对角线方向交通需求量大,增加了出行居民的无效出行距离和路网的负担,如北京、西安老城区道路网。对于这类路网形式,P&R 可沿城市伸展轴或者是在原有的公交干线上布置,减少穿城交通,提高公交分担率。

4.其他形式路网

交通走廊形的城市路网结构下,P&R 可以沿城市放射干道布置,通过放射状干道将位于中心区内的 P&R 联络起来,有利于公交沿走廊发展。星状放射式道路网是和城市的布局相配套的,道路网从城市中心区呈放射状联系多个卫星城市,而城市路网由几个层次的同心圆组成。

二、P&R 的结构层次和布局模式

(一)组团式城市结构发展趋势

我国大城市用地布局多为集中式,其中单中心团状城市占 62%,带状城市占 10%,卫星式城市占 18%,多中心组团式城市占 10%,未来我国大城市将以多中心组团式的城市结构为主。在这样的城市结构下,城市由若干城镇组团所组成,各组团均有自己相对独立的中心,全市的中心通常为某个组团中心,规模最大,是全市行政、文化、商业中心。因此组团式城市实际上是一个具有多中心的中、小城镇集合体。快速交通网络作为骨架,联系各城市组团,各城市组团内部又形成自己的交通网络,各个组团成为交通网络上的主要节点,形成"网中套网"的格局。道路交通以联系各城市组团中心的区间交通为主,以各城市组团中心与周围村镇相联系的辐射交通为辅,全市交通呈现多中心放射的格局。外地入境及过境交通与区间交通重叠,形成干线上强大的交通流。组团城市中各组团中心相距较远,各城市组团内的客运交通自成体系,各自独立。因此,全市交通分成 3 个层次,即城市组团之间的区间交通、各组团与邻近乡镇的城乡交通、组团内部的交通,组成了多点辐射状的交通网络结构。

(二)大城市 P&R 结构层次

根据组团式城市的特征,大城市 P&R 层次划分的目标是:建立适应于城市布局发展趋势和交通发展模式,并能清晰反映路网结构特征的 P&R 系统,确保城市交通的高效、通畅、经济和方便。在组团式城市结构的交通层次划分基础上,P&R 也做相应的等级划分,即区间 P&R、区内 P&R、市内 P&R。

1.区间 P&R

区间 P&R 是建立在组团间快速道路或轨道交通网络的基础上,服务于全市各个组团中心的区间交通,主要功能是减少组团间干线交通压力,或为轨道交通、快速公交等大运量交通方式集散客流,扩大其服务范围,提高组团间的交通运输效率,使组团式城市的各部分在有机分散的基础上成为一个统一的整体。

2. 区内 P&R

区内 P&R 建立在各组团中心与卫星城镇间公路网络基础上,服务于卫星城镇与中心城镇之间的通勤交通,主要功能是引导卫星城镇居民选择公共交通方式出行,缓解市区内停车供需矛盾,减少中心城镇的停车设施建设,减少能源消耗和空气污染物排放。

随着城市化和机动化进程的加快以及人口密度的增长和城市规模的扩大,各个组团中心开始兴建或者是在原来的乡镇基础上发展自己的卫星城镇。这些卫星城镇规模不宜过大,以公共车站为门户,附近设置停车场,方便自驾车者换乘公共交通工具进入中心城镇。区内 P&R 通常位于卫星城镇内,规划时以换乘方便作为主要目标吸引自驾车者换乘公共交通。

3. 市内 P&R

市内 P&R 建立在组团中心城的公交网络基础之上。对于多中心的组团式城市,每个组团均有自己的中心城。各个中心城根据土地利用模式的不同,交通系统自成体系,各自独立。市内 P&R 相对独立地服务于组团中心城的内部交通,主要功能是缓解组团中心的交通压力,优化组团中心交通结构。

根据我国城市组团中心的团状结构,可以将组团中心城的城市空间分为以下 3 个部分:中心区、中心区外围和郊区。不同区域具有不同的交通特性以及停车需求,因此市内 P&R 也可相应地分为边缘 P&R 停车场、市区 P&R 停车场、郊区 P&R 3 种类型。

(三)P&R 结构模式

受城市空间发展形态和机动化发展阶段影响,基于城市形态建立起来的 P&R 层次结构,也必然处于一个动态的发展过程。换言之,并不是所有的组团式城市都采用相同的结构模式,而应该是随城市化进程和机动化水平的发展在不同阶段采用不同的结构模式。

(1)在机动化初期,城市的停车问题主要集中在市中心等停车吸引力大的局部区域。此时,可根据中心区停车供需缺口,围绕市区外围建设边缘 P&R 停车设施作为一级换乘系统,从而弥补区域内停车设施不足,解决停车矛盾集中、问题突出地区的停车难问题,保持中心区充沛的活力。此时的 P&R 设施的性质倾向于社会公共停车场。

(2)随着城市规模的扩大、机动化水平的提高,除了中心区等特殊区域停车困难外,在市区、郊区以及卫星城镇通往市中心的主要放射状道路上,也因为车流量的增加而出现了规律性的拥堵。此时,除了弥补市区停车设施不足、减少进入市中心的小汽车流、提高市区运行速度外,还需要将郊区作为城市发展的战略性空间,在这些区域设置停车场作为二级换乘系统,在功能上与快速公交相配合,引导通勤出行向公交方式转变。而对于那些有能力提供轨道交通的城市,除了设置上述两种停车场外,还需要配合轨道交通线网布设,在轨道交通的起始站和中途重要换乘点配建停车场,在保证必要客流的同时,满足居民出行多样化的需求。

(3)随着城市框架的逐渐扩展,多中心组团式城市结构逐渐成熟,组团间的轨道交通网络或快速路网络日臻完善。与此同时,机动化水平的发展进一步加强了组团间的交通流量,区间交通上升到主导地位,区内交通降至次要地位,外地入境及过境交通与区间交通重叠,给区间干线带来较大的交通压力。在此前提下,城市的 P&R 将以优化城市交通结构、减少长距离小汽车出行、减少污染、保护环境、建立可持续发展的城市交通为战略目标,实现以区间轨道交通网络或快速公交网络为支撑的三级换乘系统。

以上三级停车设施构成了 P&R 的结构模式。其中第一、第二级停车设施构成了我国绝大部分城市 P&R 的主要部分,而第三级停车设施仅在个别城市化进程较快、机动化水平较高的大城市群和城市带才可能实现。

(四)我国大城市 P&R 布局模式

城市布局对 P&R 结构层次的影响主要体现在城市化和机动化发展水平上。从横向来看,由于我国大城市之间社会经济水平存在较大差异,各城市机动化水平、交通拥堵程度以及战略规划都不尽相同。针对当前 3 类典型的交通发展模式,提出适合我国大城市 P&R 布局模式,见表 3-2。

P&R 的布局模式　　　　　　　　表 3-2

布局模式	特点
以轨道交通为主体的 P&R 综合模式	以长距离轨道交通和相当于轨道交通的快速公交网络的 P&R 设施为主体部分,以中长距离干线公交 P&R 设施为辅的综合 P&R
以地面干线公交为主、支线公交为辅的 P&R 布局模式	以干线公交 P&R 设施为主,以支线公交 P&R 设施为辅的地面公交 P&R
以边缘 P&R 为主体的布局模式	对于停车难问题已经十分严重的中小城市,以市中心边缘 P&R 设施为主,以缓解中心区交通拥堵为主要目的

(1)特大型城市将以多中心城市区域为发展模式,形成具有与中央核心区互补和竞争的郊区副中心的现代多中心城市格局。这种城市格局的形成必然是以轨道交通作为城市交通网络骨架。城市中央核心区内部地面交通以公交优先道路为主,副中心彼此之间与城市中心区之间都有便捷的轨道交通相连接,形成以轨道交通为骨干、以常规公交为主体的多样化交通方式结构。因此,P&R 布局模式应该以长距离轨道交通 P&R 和相当于轨道交通的快速公交 P&R 设施为主体部分,以中长距离干线公交 P&R 为辅助部分。在轨道交通规划和建设的同时,周密考虑与之相协调的停车换乘设施。建立以轨道交通为主的综合 P&R 体系,达到引导和限制小汽车使用的目的。

(2)以地面公交为主的组团型大城市则相应地以快速干线公交(BRT)的 P&R 为主进行布局,以常规公交 P&R 为辅助,整合现有的公交首末站和大型公交换乘枢纽,建立基于地面公交的 P&R 体系。

(3)对于停车问题已经十分突出的中小城市,应以市中心边缘 P&R 为主进行布局,以缓解中心区交通拥堵为主要目的。

第二节　换乘停车设施选址布局优化方法

对于一般意义上的停车场,其选址问题是一个在停车需求总量和分布量已知的情况下配置停车能力的网络最优化问题,决定停车场选址的主要因素是城市总体规划和用地的可能性。作为为小汽车出行者换乘公共交通而提供停车服务的换乘停车设施,除了满足出行者的出行需求之外,P&R 停车场更为重要的功能是引导个体交通方式向公共交通方式转换,提高公共交通方式分担率,促进城市交通结构的优化。好的选址可能会吸引更多的小汽车出行者到此停车换乘,而不合理的规划损失的顾客不仅是某一个停车场的损失,也是整个P&R 以及整个公共交通系统的损失。因此,研究 P&R 设施选址方法,不仅对于 P&R 自身的规划、建设和运行有重要意义,而且对于提高整个运输系统的运输效益具有重要的现实意义。

一、P&R 选址准则

(一)换乘需求最大化

P&R 设施选址的首要原则是吸引客流最大化。因此,规划 P&R 时应当选择卫星城镇、新城的居住密集区等高换乘需求地区,并尽量选在边缘组团和郊区新城的主干道附近;或者选择进城放射状道路和交通走廊规律性拥堵区域,以及出行者起终点间存在物理障碍的地区。由于 P&R 设施主要的服务对象为通勤出行人群,P&R 设施选址过程中还需要充分考虑高峰时段交通发生量(HBW)。

(二)高质量的公交服务

P&R 设施应毗邻交通走廊(常规公交、轨道交通、快速公交线路等)和公交起终点站。公交系统具有较高的发车频率和通行速度,并在通行费用上享有优惠政策;与此同时,小汽车行驶的那部分路段的通行费用相对较低,换乘场所也实行优惠停车政策。

(三)与周边环境相协调性

P&R 设施作为一种公共建筑,要求与周边景观保持协调:P&R 设施应与周边的用地性质、区域规划方案协调,使其对周边环境的道路交通的影响最小;应提供连续、安全的步行换乘通道和安全、舒适的停车环境。

(四)投入成本最小化

P&R 设施作为一项永久性设施,一经建成很难改作他用。从投资风险上考虑,尽量选择临时停车设施,以便未来需求发生变化时更换或撤销;尽量寻求联合使用同一建筑物的机会,对运营成功的停车场进行扩容改造;控制停车换乘场地之间的距离,避免因间距过小而导致恶性竞争;注重待建设施的可扩展性和可改造性。

(五)适度弥补停车位供需缺口

适度弥补停车位供需缺口,缓解区域内部停车位不足、用地紧张的矛盾。但要注意适量,不要造成区域内部停车供给增加的错觉,以免吸引过多的非换乘车辆停放,这与建设初衷背道而驰。

从上述五大准则可以延伸出以下一些具体的指标:

(1)与 CBD 或主要活动中心的距离:不小于 6km,以 16km 左右为宜,目的在于减少市中心拥挤,提高公交分担率。

（2）避免设施间的相互竞争：两个设施间距离大于 6km，否则会出现相互争夺客源的情况。

（3）CBD 或主要活动中心的道路服务水平：当干道交通的服务水平处于 E 级以下时，出行者更加倾向于换乘公交出行，此时设施的换乘需求较高。

（4）到公交车站的步行距离以不超过 400m 为宜。

（5）提供快速、可靠的公交服务：公交发车间隔以不超过 15min 为宜。

（6）设置在拥堵路段的上游，达到提高 P&R 的使用效率、缓解交通拥挤的目的。

（7）最大化服务区域人口：研究发现，50% 的停车需求来源于以设施为圆心、半径 4km 范围内的居住人口，90% 的用户住在半径 16km 的范围内。

二、影响设施选址的主要因素

P&R 设施的需求量和分布量随选址方案的不同而发生变化，这一特性使得 P&R 设施布局的影响因素错综复杂，除了城市总体规划和用地的可能性两个关键因素外，与 P&R 设施相衔接的道路服务水平和公共交通网络特性、目的地的停车供给水平、出行者个体选择行为以及相关的停车政策或公交优先政策等因素都会影响设施的位置选择。

（一）设施的覆盖区域

覆盖区域表示 P&R 的最大服务范围。超过此界限，出行者所要负担的空间距离费用和时间费用不允许，将放弃该地而选择较近的设施甚至选择其他的出行方式。国外通常将覆盖区域内的土地利用指标作为停车设施选址规划的一个关键要素来考察。

进一步的研究还发现，不仅覆盖区域的形状与设施类型关系密切，而且覆盖区域的大小受用地区位特征的影响，包括公交线路等级、道路拥挤状况、停车收费等因素。覆盖 85% 需求量所用面积是覆盖 50% 需求量所用面积的 4 倍，也就是说为了预测 35% 的额外需求，所要研究的范围是 50% 需求范围的 3 倍。因此，通常将 50% 需求覆盖范围内的土地利用信息作为换乘设施选址布局中的一个重要的因素加以研究。设施覆盖区域内的人口数或就业岗位数越多，设施的使用效率也就越高。

（二）设施可达性

换乘设施的可达性指驾驶小汽车到达换乘设施的便捷程度。设施的可达性越好，出行者使用的可能性就越大。在设施选址规划时，通常选择靠近城市快速路、主干道或者是高速公路附近的交叉路口，这些地点出入城市的道路交通条件较好。

（三）城市道路网与公共交通网的形态结构

P&R 设施是衔接城市道路网和城市公交网的关键性节点，是城市交通运输网络必不可少的一个组成部分，必须依附于一定的网络形式而存在，至少连接着一条公交线路和一条以上的城市道路为其集结和疏散客流。因此 P&R 设施的布局规划是城市公交线网规划的重要内容之一，两者相辅相成，必须同时进行。

此外，设施的布局与选址也影响着各种因素，如在一个对象路网上新建换乘设施后，由于设施将会产生和吸引大量的车辆交通流，可能导致设施周围的道路变得十分拥挤，从而降低设施的可达性，增加用户的出行阻抗，也就减小设施的覆盖区域。

三、P&R 设施选址模型研究

（一）P&R 选址目标

结合前文提出的我国城市 P&R 的 3 种布局模式，可以将 P&R 划分为 4 种类型，即基于公交轨道网的区间 P&R 设施、基于公路网的区内 P&R 设施、边缘 P&R 停车场（属于市内 P&R）和远郊 P&R 停车场（位于卫星城镇内，属于区内 P&R）。P&R 设施的布局规划也是以这 4 种特殊类型作为研究的对象。不同的 P&R 类型，其规划目标也不尽相同。

1. 基于公交轨道网的 P&R 停车场设施选址研究

我国特大城市已进入郊区化阶段。但由于资源、人口等多种因素的制约，不能采用西方以小汽车为主要交通方式的郊区化模式，而必须采用以快速轨道交通或相当于轨道交通的快速干线公交为骨架的交通导向模式。基于公交、轨道网的 P&R 设施将是今后 P&R 中的主体部分，承担着区域间大运量、长距离的出行交通。但轨道交通具有独立网络、封闭运营、仅靠站点来与外界联系的特点，其客流的集散都是通过站点来完成，且建设耗资巨大、资金回收周期长。因此，充足的客流是保证轨道交通正常运营的基础。基于公交轨道网的 P&R 停车场规划时，将以提高轨道交通客流分担率、实现站点需求最大化为主要目标，以达到减少长距离小汽车出行、提高组团间的交通运输效率、减少污染等目的，使组团式城市的各部分在有机分散的基础上成为一个统一的整体。

2. 基于公路网的 P&R 停车场设施选址研究

公路网络由于存在相互连通的情况，除了考虑路网沿线的土地利用对 P&R 选址的影响外，路网上动态变化的交通流量也是 P&R 选址的重要影响因素。不同流量条件下确定的 P&R 选址方案将是不一样的。例如，根据高峰时段的网络流量确定的 P&R 设施数目与布局方案，在平峰时可能就显得使用效率低下，造成资源浪费。同样的，平峰时段下确定的方案在高峰时将会导致设施容量不足、停车位供不应求，起不到截流缓堵的作用。因此，基于公路网的 P&R 设施规划的重点除了实现网络换乘车公里数最大化外，还必须确保所选定的选址方案能够实现所有情形中设施所截取的最小行驶里程最大化。

3. 边缘 P&R 停车场设施选址研究

边缘 P&R 设施位于组团中心区或城市重点区域的周边地区，通常也是停车供需矛盾最严重的地区。边缘设置停车设施的目的就是要将多余的停车需求转变为公交出行方式。边缘 P&R 设施作为市内 P&R 中一类特殊的换乘设施，兼有公共停车场和换乘停车场的功能。

对于这类设施的规划，首先通过中心区停车供需缺口确定需求量。如何确定需求量在一定程度上反映了边缘 P&R 设施的性质。当需求量完全按照实际的供需差额来确定时，边缘 P&R 设施从功能上承担了中心区公共停车场的角色，所起到的作用仅仅只是使中心区的停车需求转移到边缘地区。当采取缩小供需缺口、控制停车需求的策略确定需求量时，边缘 P&R 设施才真正起到停车换乘的作用。但无论采取何种策略，一旦这类设施的需求量确定，理论上全部需求都必须得到满足，否则可能加剧中心区的交通拥挤，造成路内违章停车等不良现象。因此,对于这种类型的选址问题的描述是:在不考虑设施的建设费用、运输费用和土地使用成本等情况下,如何以最少的设施数目来满足全部需求。

4. 远郊 P&R 停车场设施选址研究

远郊 P&R 设施位于各组团的卫星城镇内,主要服务对象为组团中心区的就业者,主要目标是配合中长期城乡或市域公交一体化规划布局体系,为城乡公交线路集散客流。从功能上看,这将是今后促进居民方式转换的主要设施。假设起点处的每一个小汽车出行者都是 P&R 设施的潜在用户,则远郊换乘停车场的目的就是要将这些有意向的出行者转化为 P&R 的现实用户。因此,这类设施布局选址的主要目标是在设施投资规模和出行者最大出行范围的双重约束下,在弹性需求下实现 P&R 方式转移率最大化。

(二)P&R 选址流程和策略

在建立一个选址模型之前需要清楚以下几个问题:选址的对象是什么? 选址的目标区域是怎样的? 选址目标和成本函数是什么? 有什么样的约束条件? 根据这些问题的不同,选址问题可以被归纳为相应的类型。据此建立选址模型,选择相应的算法进行求解,这样就可以得到选址的方案。

在解决实际问题时,任何一种方法都很难将 P&R 设施选址中的所有因素考虑周全和完全量化。因此,这里采用"分级选址法"对 P&R 设施进行选址,即将 P&R 设施按照设施功能和规划目标的不同分解成不同的类型,根据每种类型设施所考虑的不同侧重点,分别生成 P&R 选址集合,最后结合城市土地使用、城市交通政策等实际情况,利用层级选址模型生成 P&R 的最终选址方案。具体步骤如下:

(1)按照设施功能和规划目标将 P&R 设施分解成 4 种不同类型:基于公交轨道网的 P&R 设施、基于公路网的 P&R 设施、边缘 P&R 设施和远郊 P&R 设施。

(2)确定初始备选点位集合。结合对象城市用地特征和换乘停车场的类型来决定哪些区域需要或者可能设置换乘停车场,然后在候选区域内结合已有的大型枢纽节点和符合选址原则筛选出某些具体地点组成一个初始备选点位集合。

(3)根据各种设施类型的规划侧重点差异,科学地选择选址模型,并分别求得每种类型的设施方案集合,即 $\varphi_1, \varphi_2, \varphi_3, \varphi_4$。

(4)综合上述不同类型的 P&R 选址集合,确定城市 P&R 的选址方案集合 $\varphi = \varphi_1 \cup \varphi_2 \cup \varphi_3 \cup \varphi_4$,最后结合城市用地、交通政策等实际情况,利用层级选址模型确定可行方案集合。

不同的选址对象的目标函数和约束条件也不相同。对于边缘 P&R 停车场,其规划的主要目标是弥补中心区停车设施供给不足、缓和停车供需矛盾,因此在布局规划时应采取满足局部需求的优化策略。与此相反的是,对于那些位于卫星城镇内的远郊 P&R 停车场,规划的主要目标是引导居民,尤其是到中心组团的就业者,使用大运量的公共交通,因此在布局时将采取引导出行的优化策略。而对于基于公交轨道网络和公路网络的 P&R 停车场,主要规划目标是尽可能多地截断网络中的小汽车流量,让小汽车出行者在出行早期换乘轨道交通或快速公交。对于这一类型的停车场,应配合区域交通发展战略采取灵活的布局措施:可以采用以满足需求为主、引导出行为辅的策略;也可以采用以引导出行为主、满足需求为辅的策略。基于上述分析,针对 P&R 的 4 种特殊类型,提出了 P&R 的优化选址策略。

(三) P&R 选址模型及方法选择以满足需求为主

通常,P&R 选址问题要考虑以下几方面的因素:P&R 设施数目、P&R 设施位置、P&R 设施成本规模、P&R 需求以及设施间的分配关系。假设网络中的每辆小汽车都是 P&R 设施的潜在用户,由此可以认为 P&R 设施的潜在需求量和需求分布空间是已知的,则 P&R 停车设施选址可以看作选址分配问题来进行建模和求解。

选址分配模型是设施选址中应用非常广泛的一种数学模型,主要用途是从一批候选位置中选取一定位置建设公共设施,为本区域中的需求点提供服务。即需求空间分布已知,确定适当数量设施的最佳位置。其中设施数量为未知或事先已确定,但设施点与需求点间的分配关系是不确定的。为了使模型能够成立,一般做如下假设:

(1)假设需求空间分布已知,在有限的候选位置中选取最合适的一个或一组位置为最优方案,此时候选方案只有有限个元素。

(2)设施数量未知或根据实际的投资情况来确定一个值。

(3)在任何一个位置,设施的建设费和运营费都相同。因此,设施的布局只是出行费用最小化的问题。

(四) 基于公交轨道网的 P&R 设施选址模型

基于公交轨道网络的 P&R 设施位置选择是指在既有的轨道站点或相当于轨道交通的快速干线公交站点集合中,选择合适的位置设置 P&R 停车场。典型的轨道线网主要有环线和放射线。对国内外城市的轨道交通网络进行统计发现,只有20%的城市有环线,大多数轨道交通网络是放射形的,因此这里主要针对放射形的轨道交通网络来进行讨论。

放射形轨道交通线路促使城市空间形态沿着放射状的轨道线扩展,形成指状(或星状)的城市形态。而且放射性轨道线可以延伸到很远的郊区,带动卫星城镇的发展,形成串珠状的城市形态。根据轨道交通站点与城市中心区的距离,可以分为城市中心区的站点、城市边缘区的站点、城市边缘区以外的站点3种情况进行分析。

(1)位于中心区内的轨道交通站点,服务人口密度大,站点多,站间距一般1~2km,以步行或自行车换乘方式居多。

(2)位于城市边缘区的轨道交通站点可能是交通枢纽换乘处,如铁路、机场、长途汽车等,或者是高架轻轨与地下地铁的转换处,站距一般在2~4km。由于受城市格局及设施自身特点的限制,这些站点在功能上将偏向于社会性质的公共停车场,因此作为单独一种类型进行分析(见边缘 P&R 设施选址模型)。

(3)位于城市边缘区以外的轨道交通站点,其周围地区在站点建设前开发程度不高,附近开发的用地大多为居住用地,因此其功能主要是为站点附近的居民通勤交通服务,站距一般在4~10km。大多数交通属于组团间或城镇间长距离出行,主要的换乘形式为小汽车换乘轨道交通。这类站点也是本部分的重点研究内容之一,选址目标是如何合理地在轨道交通线网上布局 P&R 设施,引导小汽车出行者在其出行早期完成向轨道交通方式的转换。

1. 模型假设

轨道交通网络以中心区为端点向四周卫星城镇发射。P&R 的覆盖区域可以定为以停车换乘站为中心的 8km 半径范围,这个范围内的所有小汽车出行发生源都可视为 P&R 的潜在用户。

这里假设轨道交通网络中的每一个站点均作为初始备选点位,将每个备选站点看成网络中的节点,将连接两个节点的轨道线路看成网络中的弧,那么可以将轨道交通网络抽象为一个带权重的有向图。在此基础上,从简化模型的角度,做如下假设:

(1)以节点覆盖范围内 P&R 的潜在需求量作为该点的权重;

(2)以两个节点之间的轨道线路作为小汽车方式到达中心城区的最短路线;

(3)一旦在某个节点处设置了 P&R 设施,则该点覆盖范围内的 P&R 潜在需求量将全部转化为现实需求量,这部分交通量将不会出现在道路网络中。

2.模型构造

$$\max(z) = \sum_r \sum_i Q_{ri} d_{ri} X_{ri} \tag{3-1}$$

$$\mathrm{s.\,t.} \begin{cases} \sum_{r}^{n} \sum_{i=1}^{m} X_{ri} \leqslant P, & \forall r,i & (3\text{-}2) \\[2mm] \sum_{i=1}^{m} X_{ri} \geqslant 1, & \forall r & (3\text{-}3) \\[2mm] X_{ri} \in \{0,1\}, & \forall r,i & (3\text{-}4) \\[2mm] |d_{ri} - d_{gj}| \geqslant D, & \text{当 } r=g, i \neq j \text{ 时} & (3\text{-}5) \end{cases}$$

式中:P——设施总数;

Q_{ri}——第 r 号轨道线路第 i 个站点覆盖区域内的 P&R 潜在需求量;

d_{ri}——第 r 号轨道线路第 i 个站点到中心城区的线路长度;

X_{ri}——如果设施建在第 r 号线路第 i 个站点处,其值为 1,否则为 0;

D——设施的覆盖半径。

目标函数(3-1)是选择至多 P 个停车场,使得可以利用整个轨道交通网络换乘的 P&R 潜在用户数最多,并且在出行早期完成换乘;约束条件(3-2)是对设施数量的限制;约束条件(3-3)表示每条线路至少设置一个设施;约束条件(3-4)表示在可能的设施位置建(值为 1)或不建(值为 0)设施;约束条件(3-5)表示当两个站点位于同一条线路上时,相互之间的距离不得小于单一设施的覆盖半径,这里可令覆盖半径为 8km。显然,这是一个整数规划问题,这里采用常用的贪婪算法求解。

3.模型求解

贪婪算法是选址问题中常用的一种算法,其计算与编程并在计算机上实现的过程相对其他算法比较简单。其思路是:在求解过程中的每一步都无须考虑当前的决定对后面选择的影响,只考虑当前的最大效益。当某点处的目标函数取最大值时,选择该点作为停车换乘站点。为了避免重复计数,须删掉最初算过的某点与其相应的线路长度的积,接下来选址将在剩下的点中选择期望值最大的点进行。不断重复这个过程,直到网络上所有的点都被检查或已经选择 P&R 的个数为 P。上述过程是在对节点处的小汽车出行量 Q_{ri} 的不断修改中进行的。假设在 i 处设置 P&R,则令该处的 Q_{ri} 为 0。在新生成的 $\{Q\}$ 中,反复计算 $\{Qd\}$,并选择满足目标函数取最大值时的节点作为 P&R 的位置。重复下述过程直到 $\{Q\}$ 为 $\{0\}$,或者 P&R 个数为 P。贪婪算法的流程如图 3-1 所示。

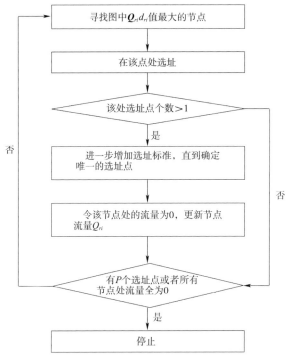

图 3-1　贪婪算法流程图

第三节　换乘停车设施功能设计

一、内部功能组织

(一)公交载客区域

公交载客区域只允许公交车辆进入,该区域应与城市干道有良好的衔接并满足现状及未来不断增长的需求,留有足够的用地和掉头空间。公交载客区域应至少能容纳一辆标准的公交车进出和掉头。

(二)乘客候车区域

乘客候车区域设置在公交载客区和机动车停车区之间。该区域应设置步行通道,并与机动车停车区、无缝换乘区(Kiss-and-Ride Area)等连通,以方便乘客步行至候车区域换乘公共交通。在具体设计中,还应考虑在该区域设置遮阳防雨顶棚,为乘客提供舒适的换乘环境。

(三)机动车停车区

机动车停车区的轴线应与乘客候车区域垂直,停车区距离乘客候车区域应大于100m,出行者驾驶小汽车进入机动车停车区,停车后直接步行进入乘客候车区域,这样的布局可以有效避免人流与车流的交叉,保证行人的安全。

(四)无缝换乘区

在停车空间有限时,P&R 停车场最好布置无缝换乘区。无缝换乘区一般设置在乘客候车区域的一侧,小汽车驶入候车区域,车上乘客下车进入候车区域,汽车驶离停车场。值得注意的是,停靠换乘区的车流不应与公交车流交叉。

(五)自行车停车区

自行车停车区应紧邻附近街道和乘客候车区,以便骑车者直接进入停车区停放自行车。停车区应尽可能设置车棚(用于防雨、防晒),内设车架,以便于自行车存放和管理。停车场和通道应有显著的标志,以便自行车出入,避免干扰行人。

(六)出入口及内部交通组织

出入口是在 P&R 停车设施内部的合理规划和设计中非常重要的一个环节,安全、设置合理的出入口对 P&R 设施的成功运行非常重要。P&R 停车场的出口和入口宜分开设置,通常在主次干道都可以布置,最好布置在次干道右侧;必须设置在主干道旁时,应尽量远离交叉路口并限制左转车辆,避免造成交叉路口处交通组织的混乱。

P&R 设施内是车流和人流集中混杂的场所,设施内部交通组织布局对附近交通有直接影响。因此,必须对内部的交通组织进行详尽的设计,这里仅简述一些交通组织的原则问题,具体设计应视停车场的规模、车流量、人流量、用地条件和地形等条件而定。交通组织的原则如下:

(1)出入口处应设置明显的行驶方向标志和停车位置指示牌;

(2)车辆布置方式与人行流线有很大关系,为了减少人与车的流动交叉,应采用垂直式纵向排列;

(3)交通流线应按单向行驶组织交通,车辆右转驶入并右转驶出,避免产生车流的交叉冲突;

(4)设施内部路面应有显著的停车标志和行车方向标志,便于驾驶人自动入位。

二、安全及舒适性组织

在设计 P&R 停车场时,为乘客提供一个安全舒适的换乘环境是很重要的,安全的换乘环境不仅可以提高舒适性,还可以促进乘客自觉地爱护公共设施。在具体设计时应注意以下几点。

(一)照明

良好的照明设施不仅可以提高夜间停车场内道路通行安全保障,为驾驶人和行人提供良好的能见度和视野条件,同时在天黑之后能有效地减少犯罪事件的发生。照明灯光亮度的等级可以用基本烛光[Foot Candle,基本烛光是一个标准单位,它是用于测量"光量"的一个量,1 个基本烛光定义是:在 1ft(注:1ft≈0.3m)外的位置,1 根蜡烛点亮后,落在 1ft² 面积内的光线量,这个量等于 1 基本烛光]来表示。其中,内部道路的亮度应为 0.6 基本烛光,停车区域应为 1.0 基本烛光,候车区域应为 5.0 基本烛光。

(二)安全

P&R 设施内的安全保障是用户十分关注的问题。通常要求在 P&R 停车场周围设置栅栏,在进行景观设计时选择低矮的灌木,并提供良好的能见度和视野条件。在围墙和建筑物的角落处应避免视觉盲点,以便于警察监督。

(三)人性化设计

在 P&R 设施内应设置公用电话、小型超市、信息亭、垃圾筒等公用设施,以方便候车的乘客。在乘客候车区域和停车区域设置遮阳和防雨顶棚,为自行车换乘的乘客提供自行车候车区域,并配备自行车架、车锁。此外,为方便残疾人使用 P&R 设施,应采用无障碍设计。如在残疾人停车入口处应设置明显的指示牌,只限残疾人使用;残疾人停车区域应紧邻公交载客区;通往公交载客区的道路应设可供轮椅通行的缘石坡道等。当地政府可根据实际情况制定相关无障碍设施设计标准。

(四)信号标识

P&R 设施内的信号标识通常指安装在固定或移动支撑物上的,用文字或符号传递禁令、警告和指示停车场的特定信息的装置,P&R 设施使用者通常都是通过这些信号标识来确定 P&R 设施的方位从而方便地使用 P&R 设施。在具体设计时应注意以下几点:

(1)信号标识的内容和位置对车辆和行人流线的流畅非常重要,通常在 P&R 设施邻近的道路设置醒目的信号标识以引导乘客使用 P&R;

(2)在 P&R 设施内,设计者应当为使用者提供通往车位和换乘区域的最清晰的信号标识,在使用者进入、穿过、离开停车设施时,信号标识应当与建筑特征共同作用以提供更多的指引;

(3)信号标识应功能完好,并应与周围环境和谐统一。

第四章 城市公共停车设施产业化

第一节 城市公共停车设施建设及运营模式分析

一、城市公共停车设施的特征分析

城市公共停车设施作为一种准公共产品,其主要特征包括以下几方面。

(一)公共性

从属性来看,城市公共停车设施不是为特定部门、单位或个人设置的,而是为全社会居民提供公共停车便利和服务,由大家共同使用、共同享受,因此它具有鲜明的公共属性。同时,大多数的公共停车设施由国家和各企事业单位联合投资建设,是全社会的共同成果。

(二)基础性

城市公共停车设施的基础性主要表现在两个方面:一方面,城市公共停车设施作为城市的公共基础配套设施,不仅为城市的正常运行提供有力的支撑,还为城市交通的发展、居民生活品质的提高夯实基础;另一方面,城市公共停车设施的发展是与我国汽车工业发展相配套的,只有拥有舒适的停车环境,单位和个人才具有购买机动车的意愿,因此它也是维持社会经济运行的基础。

(三)消费性

城市公共停车设施的消费性主要表现在城市公共停车设施的经营者给停车需求者提供了公共停车位,以满足其停车的需求。在这一过程中,停车者通过支付停车费用达到使用公共停车位的目的,同时,公共停车设施的经营者也通过这一方式回收建设公共停车设施的成本,因此城市公共停车设施具有鲜明的消费性,这也决定了城市公共停车设施可以通过社会化方式建设运营。

(四)政策性

城市公共停车设施公共性和基础性的基本特点,决定了政府应在城市公共停车设施的建设和管理上起主导作用,尤其是在城市公共停车设施的规划、建设模式选择等方面起引导作用。但政府的行业管理政策不能与城市公共停车设施投资经营者的市场行为相矛盾,这就要求政府主管部门必须按照社会主义市场经济的客观规律要求,不断制定完善与公共停车设施相关的法规、政策和行业发展战略规划等,有效配置资源、弥补市场缺陷,以适应城市交通快速发展的综合需求。

二、城市公共停车设施的分类

城市公共停车设施分类是城市公共停车设施规划、设计的基础,更是研究城市公共停车设施产业化发展和投资效益的前提。目前,国内外专家学者对城市公共停车设施的分类方法有很多,还没有形成统一的划分标准。表4-1列举了城市公共停车设施部分常用的分类方法及其特点,主要包括按投资主体划分、按停车位置划分、按建设时序划分和按管理方式划分四大类。

城市公共停车设施类型划分表 表4-1

分类方法	类 别	特 点
按投资主体划分	政府投资公共停车设施	用政府财政资金建设的公共停车设施,行政审批方便,但对政府而言资金压力较大
	社会投资公共停车设施	由社会资本出资建设的公共停车设施,投资经营较为专业,但行政审批困难
按停车位置划分	路外公共停车设施	道路红线外的公共停车设施,土地利用率高,投资建设成本较高
	路内公共停车设施	道路红线内的公共停车设施,与道路结合紧密,设置方便灵活,但占用道路资源,易引起交通拥堵和交通秩序混乱
按建设时序划分	配建公共停车设施	与各类建筑一起附属建设的公共停车设施,如医院、机场、车站等与建筑同步配套建设的公共停车设施
	独立公共停车设施	独立建设的、专门用于公共停车服务的公共停车设施
按管理方式划分	免费公共停车设施	提供免费停车服务的停车场,如大型商业、饭店宾馆等配建的停车场
	收费公共停车设施	根据停车时间收取一定额度停车费用的停车场,如风景名胜区的配建停车场等

上述4种城市公共停车设施的分类方法,虽能体现出不同类型城市公共停车设施的不同特点,但对于城市公共停车设施产业化及投资效益研究来说,划分效果并不明显,而建筑结构类型的差异才是决定城市公共停车设施投资成本的最重要因素,因此我们根据建筑结构类型的不同,将城市公共停车设施划分为地面停车场、地下停车库、停车楼和立体停车库这4种主要类型。

(一)地面停车场

地面停车场主要是指设置在地面上的停车场,包括设置在道路内的公共停车场和设置在道路红线外的公共停车场。地面停车场多是利用道路两侧空余空间、城市闲置土地或是桥下净空建设的停车设施。一般来说,利用城市闲置土地建设的公共停车场多为普通的地面停车场或临时性停车场,而利用桥下净空建设公共停车设施时,有时会为了空间的高效利用,根据桥梁净高适当设置部分机械停车位。一般来说,地面停车场虽然占地面积较大,但工程内容相对简单,工程成本较为低廉,车辆存取较为方便,车辆周转率和利用率都较高。

（二）地下停车库

地下停车库主要是指建设在建筑物地基层之下，或独立顶面低于地表的地下或半地下停车场所。公共地下停车库可以结合城市公共停车设施发展规划，充分利用道路、广场、绿地、学校操场、公园等公共设施的下部空间来修建。这是在现有城市土地资源日益紧张的状况下，通过挖掘地下潜力来改善公共停车状况、缓解城市停车难问题的一种重要方式。一般来说，地下停车设施的建设工作内容除了包括地面停车场的大部分工作内容外，还包括地下室土方开挖及混凝土浇筑、电器照明及动力系统、给排水系统、通风系统、消防系统、火灾及自动报警系统、防雷接地系统等，工作内容较为丰富、施工难度较大、技术要求较高，因此建设成本费用较高。

（三）停车楼

停车楼是指新建的或利用地上建筑设施用于车辆停放场所的建筑。停车楼的停车布局和设计受地块本身条件影响较大，通常情况下，停车楼建设时为了充分利用其容积率，层数一般相对较多，建设规模一般相对较大，考虑到坡道、电梯、走廊等公共空间占用面积的影响，停车楼单位停车位的实际占用面积一般可达 $35 \sim 45 m^2$。由于其施工作业面基本位于地坪之上，因此不需要进行大规模的地下室开挖（带地下室除外），施工难度、施工技术和单位面积造价较地下停车库来说略低。同时西方国家部分外观时尚、结构新颖的停车楼，再配以灯光和广告，已不仅仅局限于单一的停车功能，而是成为涵盖商业、交通换乘的综合性建筑，甚至逐渐成为城市的地标建筑和靓丽的风景线，如美国迈阿密海滩停车库、芝加哥马里纳城市车库等，因此停车楼也成为未来城市公共停车设施建设方案选择的方向之一。

（四）立体停车库

立体停车库是指停车设施完全由机械停车设备，如曳引驱动机、导向轮、载车板、横移装置、控制柜、操作盘、升降回转装置、搬运器等构成的停车场所。立体停车库占地面积较小，投资者可以根据场地的特点及停车需求进行灵活设置。根据《机械式停车设备分类》（GB/T 26559—2011）中的分类标准，立体停车库可以分为巷道堆垛类、平面移动类、垂直升降类、升降横移类、垂直循环类、简易升降类等多种类型，具有自动化程度高、操作方便、管理和维护也较为容易的特点，是有效缓解城市用地资源匮乏地区公共停车供需矛盾的一种重要方式。

三、城市公共停车设施的建设要求及标准

城市公共停车设施的建设要求和标准是城市公共停车设施产业化发展的硬件基础，只有明确了城市公共停车设施的建设要求和标准，产业化发展才有技术支撑。从总体上说，城市公共停车设施的建设应遵循美观、安全、方便、适用、经济等基本要求。

（一）规划选址

城市公共停车设施的规划选址应本着节约城市土地资源的原则综合考虑，除了满足现有的城市总体规划要求外，还应遵循以下原则进行综合确定。

（1）要根据公共停车设施的服务半径、周边地块停车供需关系、场地建设条件、道路交通承载力等因素综合确定；

（2）城市公共停车设施的服务半径一般不宜大于500m，城市核心区公共停车设施的服

务半径一般不宜大于300m；

(3)大型公共建筑物,如商场、办公楼、宾馆、饭店等均应设置城市公共停车设施；

(4)机场、火车站、长途汽车站、港口码头、城市主要出入口等城市主要客流和货流的集散地均应设置城市公共停车设施；

(5)城市公共停车设施选址应避开地质断层,以及可能产生滑坡等地质灾害的不良地质地区；

(6)城市公共停车设施选址应在有限的位置中选择最佳方案,使投资者的投资方案更加经济合理,使停车者享受的停车服务更加舒适便捷。

(二)规模确定

城市公共停车设施的建设规模应根据城市总体规划、周边区域人口密度、地块综合开发强度、经济活动的聚集程度、公共交通的发达程度、公共停车的供需关系和路网承载能力等因素综合确定。其中,配建的公共停车设施建设规模应根据城市公共停车设施配建标准综合确定；确定公共建筑配建公共停车设施的规模时要着重考虑建筑的使用功能、建筑面积、人流量等相关因素综合确定。

(三)结构选择

城市公共停车设施应充分利用城市土地资源,集约用地,因地制宜地选择公共停车设施的形式。对于在城市广场、体育场馆、城市公共绿地等建设的公共停车设施,宜优先选择地下停车库；对于建设在医院、宾馆等停车需求旺盛且城市土地资源紧张区块的公共停车设施,则宜建设立体车库；对于利用城郊接合部土地或是城市空余闲置土地建设的公共停车设施,则可以选择地面停车场。

(四)设计要求

城市公共停车设施的设计必须可靠、安全、方便、高效。城市公共停车设施主要包括停车基本设施、安装设备及附属设施,此外还可以根据停车设施的规模和功能要求配置一定的管理和服务设施。停车基本设施主要包括车辆出入口、停车位、车辆通行过道、人行通道、人防地下通道等；安装设备主要包括公共停车设施的电气系统、给排水系统、采暖通风系统、消防报警系统、交通标志标线、交通智能化及机械停车设备等；附属设施主要包括公共停车设施的室外道路、给排水、绿化、灯光等；管理和服务设施主要包括管理用房、卫生间、控制中心、会议室、洗车房等。它们的设置均应符合国家强制性规范的要求。

(五)建设标准

城市公共停车设施配建标准是城市公共停车设施规划、设计、建设、管理的依据。城市建筑物在新建、改建和扩建时,必须按照规划的条件和各个城市规定的停车配建标准,配建一定数量的机动车停车位。配建的机动车停车位必须与主体工程同时设计、同时施工、同时验收、同时使用。若机动车停车位的设置数量低于城市规定的建筑物配建标准,则该建筑物不能通过竣工验收。由于我国对城市停车设施的研究起步较晚,当时机动车发展整体水平较低,对未来公共停车的认识和预测不足,导致原有的建筑物停车配建标准相对落后,无法适应新型城市化建设和交通发展的需求。近年来,北京、上海、杭州、南京等多个城市已调整了本城市的建筑物停车配建标准,主要依据各城市发展的不同特点、经济发展水平差异、停车供需矛盾等因素,采取分区、分类差别化供给的管理策略,对大部分建筑物的停车配建标准进行一定程度上的提高。如根据城市的人口、土地、交通等多种因素,将城市区域划分为一、二、三类,各区域分别实行高低不同的配建标准,其中城市中心区的停车配建标准明显高于城市外围地区。

四、城市公共停车设施的运营模式分析

公共停车设施运营模式是分析研究城市公共停车设施产业化发展的基础。在 20 世纪 80 年代中期以前,我国城市基础设施投资建设基本全部由政府财政出资,以城市化为主要内容的基本建设投资也成为过去几十年间拉动我国经济迅猛发展的"三驾马车"之一,政府对城市基础设施建设的资金需求也越来越大。然而,随着我国城市化进程的不断加快,各级地方政府为筹建基础设施而产生的债务负担也与日俱增,即便是依靠每年不断增长的土地出让收入,也难以满足经济社会发展的客观需要。于是在 20 世纪 90 年代的一些大型基础设施项目中,我国开始逐步向西方国家学习并探索新型的工程建设投融资模式及运行机制,工程建设资金也由单一的财政预算投入逐步向预算拨款、专项建设资金、城镇维护建设税以及利用国外援助贷款等多种渠道拓展。城市公共停车设施是城市基础设施的重要组成部分,但我国对城市公共停车设施的研究和建设较晚,直到最近几年,城市公共停车设施建设资金不足的问题才让政府相关部门产生压力,开始逐步探索起城市公共停车设施投资建设运营的新方法。目前我国城市公共停车设施投资建设运营主要有以下几种模式。

(一)政府投资-政府经营模式

这是目前我国绝大部分城市公共停车设施建设采用的主要模式。该模式是指政府组建公共停车设施项目的建设指挥部,利用财政资金进行公共停车设施的投资建设,项目竣工后,将其移交给城市管理部门进行统一经营和管理的方式。通常每个城市都会建立起一个统一的收费和管理机构,配备一支专业化的停车收费队伍,负责对全市范围内纳入政府统一收费监管平台的公共停车设施实行 24h 收费,所收费用扣除相应的人工和其他费用后,统一上缴财政。

该模式的最大特点是政府能够充分发挥其在公共资源配置中的主导作用,能够在较短的时间内集中人力、物力、财力进行大规模的公共停车设施建设,加快弥补公共停车设施历史欠账,加速缓解停车供需矛盾,同时,政府部门作为城市公共停车设施的投资建设管理部门,能直接掌握全市公共停车设施的建设经营状况,及时调整城市公共停车发展战略。然而,从长远角度来看,由于政府财政收入增长有限,且财政支出将更加倾向于教育、卫生、社保等民生项目,公共停车设施建设的一次性投入较大,资金回笼时间漫长,因此城市公共停车设施的建设推动仅仅依靠政府就显得较为被动,并且在后期的经营管理过程中,由于收费人员数量较多,致使政府的日常开销和经营成本较大,管理效率相对较低。

(二)政府投资-企业经营模式

该模式主要是指政府利用预算内资金、停车专项资金、城建专项资金等进行公共停车设施建设,项目竣工后,政府将其委托给某国有企业进行经营管理,经营期间取得的全部收入扣除经营成本后作为国有企业利润的一种管理模式。

采用这种模式,政府能够充分发挥其在城市公共停车设施投资建设中的主动权,利用政府部门在项目规划选址、用地划拨、工程建设和资金保障等过程中的优势,加快公共停车设施建设推进,在较短时间内缓解停车矛盾、弥补供给不足,体现出政府为民办实事的根本宗旨。该模式的缺点是在投资建设前期需考虑的人为因素较多,缺乏科学的项目决策机制,常常导致项目选址不够科学,企业后期经营陷入困境,最终只能由国有资产进行买单。同时,国有企业缺乏专业的停车管理经验,也容易导致企业经营效益不佳、缺乏动力。

(三)政府和社会资本合作(PPP)模式

这是近年来城市公共停车设施投资建设过程中产生的一种新模式。这种模式主要是指政府将部分国有资产,或是公共停车设施项目一定期限内的国有土地使用权以作价入股的方式,与专业投资公司或是专业停车设施经营公司联合组建成立新的停车经营公司,双方协作,共同对公共停车设施进行开发、建设、经营和管理,经营过程中取得利润根据双方持股比例进行分配。

该模式是由政府和专业化公司成立利润共享、风险共担的投资共同体,优点是政府在公共停车设施建设过程中可以充分发挥其在项目审批过程中的优势和便利,且不需要投入项目的建设资金,而企业则在项目建设推进过程中减少了项目因行政审批问题产生的风险,并且不需要支付昂贵的土地开发费用,降低企业投资成本,同时参股的专业停车设备企业通常具有较强的停车设施建设能力和经营管理水平。因此这种产权清晰、权责明确、政企分开的模式更加符合现代停车行业的发展趋势,有助于提高国有资产的盈利能力。

(四)建设-经营-转让(BOT)模式

该模式主要是指公共停车设施的投资方首先负责城市公共停车设施的投资建设,同时政府给予该投资方在该项目一定期限内的特许经营权,允许其在规定的特许经营期内通过向公众收取费用或出售使用权等方式来回收项目投资、赚取合理利润,特许经营期满,投资方必须将该公共停车设施无偿移交给政府的一种方式。

这是一种利用民间资本进行城市公共停车设施投资建设的新型投融资方式。与其他模式的最大区别在于,它把企业全权作为项目开发、建设、经营与管理的主体,充分发挥专业化企业在城市公共停车设施开发、建设、经营及管理方面的先进经验,提高项目经营效益,满足社会的公共停车需求,带动停车相关产业发展,同时可以有效解决政府因财政资金困难而无法进行公共停车设施建设的问题,减少政府投资可能产生的利率风险和市场风险,并且经营期满后,公共停车设施的所有权依然归属政府,确保了公共停车设施的公共属性。但是,该模式的最大缺点是,由于企业对资本的逐利性,导致企业在公共停车设施选址过程中,通常会将公共停车设施优先选择建在人口密度较大、停车需求旺盛、停车利用率较高的城市核心区,而在城市非核心区,企业往往因为停车经营效益不佳而不愿投资,因此容易造成公共停车设施供需关系的局部失衡。

城市公共停车设施的"准公共产品"属性决定了政府对公共停车设施可以采用不同的产业发展策略:诸如路内停车位因为占用了城市道路资源,具有较强的公共属性,可以主要采用上述第一种模式,即政府投资-政府经营模式;而对于大型综合体、商业区等建筑配套的公共停车设施,由于其商品属性较强,因此可以积极吸引社会力量采用 PPP 或是 BOT 等模式来投资建设,实现公共停车设施的产业化发展。

第二节　城市公共停车设施产业化发展道路分析

在现有条件下,单纯依靠政府的财政收入已无法满足公共停车需求日益增长的需要,而城市公共停车设施的"准公共产品"属性,决定了政府在其建设过程中除了直接投资外,还可以充分利用"市场"这只手,鼓励和引导社会资本参与投资、建设、经营和发展,形成城市公共停车设施建设的多元化投资力量,推动其市场化、专业化、智能化和产业化。

一、我国城市公共停车设施产业化发展的基本条件

随着我国综合国力的不断提升和城市化进程的不断加速,停车产业化已经成为各级政府部门解决城市停车问题的必由之路,而我国也已基本具备了公共停车设施产业化的基本条件。

(一)城市公共停车设施已经具备了一定的商品属性

城市公共停车设施作为"准公共产品",一方面具有明显的垄断性和公共性,决定了社会大众对公共停车消费不具有竞争性和排斥性,需要政府在其规划、土地、投资等方面给予必要的保障;而另一方面,城市公共停车设施也具有一定的商品属性,城市公共停车设施占用了宝贵的城市土地资源和空间资源,其停车定价收费提供了一种利用经济手段有效的分配办法,政府可通过使用者的有偿使用,来合理、有效、均衡地配置这些稀缺资源,而投资者则可以通过收费的方式来收回其投资建设成本,并获得合理的利润。目前,我国各大城市公共停车设施初具规模,停车市场需求旺盛,公共停车设施据此就具备了商品的属性,这是公共停车设施产业化的一个条件。

(二)多元化的投融资渠道为停车产业化提供了资金基础

随着经济的发展、改革的深入,人民生活和收入水平不断提高,居民寻找投资机会的闲置资金越来越多,尤其是像我国东部沿海的上海、广东、江苏、浙江等经济强省(市),非公有制经济比例较大,市场活力旺盛,民间资金丰富,投资意识很强。而停车产业作为一个资本密集型产业,在投资建设过程中不仅初始投入建设资金巨大,而且还需要每年支付一定数额的维护费用,持续时间长,投资回报慢,光靠政府的财政拨款远远不能满足日益增长的公共停车建设需求。在此情况下,城市公共停车设施建设急需引入社会资本,在构建起良好投资回报机制的前提下,将这些闲置的资金集中到城市公共停车设施建设上来。

(三)科技进步为停车产业化提供了技术支持

在过去,所谓的专业停车场一般是采用寻找空地,然后由政府有关部门划线确定停车位的地面停车模式,同时为了收取一定的停车费用,政府还要专门雇用人员进行停车位的收费管理。由于经营者需要合理安排停车收费人员的日常工作和休息时间,再加上收费人员视野范围有限,实际上平均每个收费人员所能管理的机动车停车位数量不足 10 个,不仅效率低、服务差,甚至还会产生收费人员乱收费和停车者恶意拖欠停车费用等问题。但随着科学技术

的进步,许多大型专业化停车设备厂商应运而生,都已实现技术设备自行生产,同时越来越多的新型技术开始运用于停车产业,诸如新型机械式停车设备、智能立体车库、智能道闸管理系统、车辆识别技术、信息化停车收费管理系统等。这些核心技术涵盖了停车设施设计、制造、销售、安装、保养、维修等各个环节。这些新科技的产生为停车产业化发展创造了技术条件。

(四)政策的重视和推动使停车产业化成为可能

目前各级政府部门已经逐步开始意识到解决城市停车问题的紧迫性。北京、深圳、广州等城市已经组织力量开始对本地区既有停车设施的数量和经营状况进行摸底排查,对停车需求情况进行分析预测,对停车产业发展现状进行调查研究,制定了适应不同城市特点的停车发展战略规划。同时在国家层面,国务院、国家发改委、住建部等部门相继制定下发了《关于加强城市基础设施建设的意见》《国务院关于创新重点领域投融资机制鼓励社会投资的指导意见》《关于城市停车设施规划建设及管理的指导意见》等文件,提出政府要通过投资补助、特许经营、政府购买服务等多种形式吸引社会资金参与城市公共停车设施等配套基础设施的建设,并且不许因为投资主体的性质不同,而在市场准入、投资效益等方面差别对待。国家的重视和政策的实施促使停车产业化成为可能。

(五)国外停车发展的先进经验为我国停车产业化发展提供智力支持

西方发达国家的汽车工业起步相对较早,工业制造体系相对完整,城市规划意识较为浓厚,科技信息技术应用较为广泛,市场化水平较高,因此对城市停车问题的认识和研究较为全面,解决问题的思路和方法也较为成熟,尤其是多年来停车产业市场化改革积累的先进经验和有益探索值得我们认真吸取和借鉴,这些成功的案例和先进做法都为我国推行停车产业化发展提供了有益的参考。

二、我国城市公共停车设施产业化发展的现状及存在问题

(一)我国城市公共停车设施产业化发展的现状

目前我国城市公共停车设施建设和产业化发展正处于初级阶段,存在公共停车位缺口大、结构分散、管理混乱、智能化水平低四大痛点,它们直接导致了诸如停车需求端一位难求、停车体验差,停车供给端空置率高、管理成本高等问题。

当前,各个城市都制定出台了一系列相关政策,给予了社会资本参与城市公共停车设施投资的一些政策优惠,总体来看可以用"宽度有余、厚度不足"来概括,整个停车行业还没有形成一个整体,缺少强有力的政策保障,无法从根本上解决停车难题。鼓励社会资本"入场"是实现城市公共停车设施产业化发展的基本目标,但社会资本具有明显的逐利性,如果公共停车设施的经营效果不理想,投资非但不能盈利,甚至还会亏损,那就势必会影响投资者的投资热情。按目前的情形来看,城市公共停车设施的平均投资回报水平不仅远远低于各类金融理财产品和同期的银行定期存款利率,甚至部分公共停车设施项目在规定的运营期内还有可能无法收回投资成本,这直接导致了民间资本不愿进入公共停车设施投资领域,停车产业的市场化进程也迟迟无法实现突破。因此,想要加快城市公共停车设施产业化发展,就必须区分城市公共治理和市场投资运营的主体责任,通过营造公平竞争的市场环境,并对社会资本给予合理回报,来打消社会资本投资的顾虑,提高其向城市公共停车设施建设领域投

资的积极性,让社会资本愿意来、进得来。

(二)我国城市公共停车设施产业化发展存在的问题

目前,我国城市公共停车设施的产业化发展还处于萌芽阶段,停车产业的定位还停留在政府主导的公益性事业层面,市场化的停车设施建设和经营还未真正实施,社会资本对公共停车设施的投资建设热情不高,甚至出现了投资回报遥遥无期的尴尬局面,主要有以下几方面原因。

1. 规划选址不合适

决定城市公共停车设施投资成败的首要因素就是公共停车设施的选址。一个停车收益丰厚、投资回报期短的公共停车设施,往往都是选择建于城市中央商务区(CBD)、商业中心、医院、风景名胜区、大型居住区等停车供需矛盾最为突出的地段。然而在实际的选址论证过程中,一方面是很多部门从未编制过公共停车设施专项规划,对城市停车问题也从未有过深入研究和前瞻性预判,不清楚城市停车供需矛盾的突出区域,往往仅凭经验做决定,因此造成部分区域公共停车设施的建设供过于求;另外一方面,由于城市公共停车矛盾最为突出的区域往往也是城市土地资源供给最为紧张的区域,绝大多数城市的中心区的土地资源非常稀缺,地方政府宁愿将其地块作为大型商业设施或高端住宅进行出让,也不愿意轻易将其定性为公共停车设施用地,造成城市公共停车设施建设只注重停车位总量增长,而忽视了实际的社会经济效益,因此出现城市中心公共停车设施无地可建,城乡接合部公共停车设施无车在停的尴尬局面。

2. 土地获取方式不明

2015年国家发改委、财政部、国土资源部等7部委联合发布的《关于加强城市停车设施建设的指导意见》中明确指出:"各地应加强公共停车设施的用地保障,对于符合《划拨用地目录》的公共停车设施项目,可以采用划拨方式供地。"这使得公共停车设施的用地有可能通过政府划拨方式取得,有利于进一步降低投资企业的土地开发成本。但是时至今日,我国采用的《划拨用地目录》依然是国土资源部在2001年时制定发布的目录。在该目录中,对于公交首末站、公交停车场、公交保养场等具有完全公共性质的公共交通设施项目允许可以采用划拨方式获得土地,而对于具有一定盈利性质的项目,如公共停车设施用地、地下综合管沟等项目,则要求采用招拍挂等有偿出让方式获得。因此,不同政府部门间对于公共停车设施用地获取方式规定的不一致,导致行政审批不便,投资成本增加。

3. 现有政策激励不足

目前,与投资城市其他建设项目,诸如房地产、高速公路等相比,投资建设公共停车设施项目在后期的成本回收和经营管理过程中不具有明显优势,尤其是地下停车库和地上停车楼,建设初期一次性投资金额较大,投资回收期限远远超出项目规定的经营期限。虽然多数地方政府在各种场合表达了鼓励社会力量参与公共停车设施投资建设的意愿,但是政府现有的政策激励不足,导致投资者望而却步。尤其是对参与公共停车设施建设意愿最强的专业化大型停车设备公司,他们虽然拥有充足的资本和实力可以独立或者联合建设公共停车设施,但在现实情况下,想要在规定的经营期限或是较短时间内收回投资成本并开始盈利,难度较大。

4. 建设方案问题

建设项目的投资回报率历来是投资者在投资项目决策过程中最为关心的问题。很多投资者希望政府部门在公共停车设施项目的方案设计审批过程中,允许在其外立面设置大型LED(发光二极管)显示屏或户外灯箱广告等设施,一方面能提高公共停车设施的宣传推广力度和停车位利用率,更重要的是停车经营企业可以通过广告收益来弥补其部分经营成本,以进一步缩短项目的投资回收期限,提高经营利润。但是户外广告牌的设置有严格的审批要求,是否与周边环境相协调、是否对周边居民产生环境污染、广告牌的固定措施是否安全可靠,都会影响停车项目的方案审查。同时部分投资者也期望政府能够适度延伸公共停车设施项目的部分用途,如允许在公共停车设施内部配建一定比例的商业面积,允许其进行汽车美容、汽车修理、洗车等与汽车产业相关的经营活动,从而进一步提高企业的经营效益和项目本身的经济、社会价值。

5. 管理体制不顺

目前,我国大部分城市都未成立专门的、负责统一牵头协调的公共停车管理机构,呈现出多头管理的现象,导致城市公共停车设施建设推进困难,主要表现为:发改部门负责对停车设施项目进行立项审批,规划部门负责对停车设施进行统筹规划和项目选址,国土部门负责停车设施的用地保障,建设部门负责停车设施的建设方案审批,交警部门负责对停车诱导、智能化系统和交通组织方案进行审批,城管部门负责对部分公共停车位进行管理,物价部门负责制定公共停车收费标准等。各部门之间缺少相互协调、无法形成合力。

6. 经营环境恶劣

目前,我国各大城市中违法停车现象比较突出,城市公共停车设施经营的外部环境相对恶劣:一是在部分地面停车场附近,设置了大量道路停车位,造成道路两侧车位停满、路外车位闲置的现象普遍存在,不仅严重降低了道路的通行能力,而且还对地面停车场的经营收入产生较大影响;二是停车收费价格混乱,道路停车位的停车收费价格和地下停车库、甚至是立体停车库的停车收费价格处于同一水平,这使停车收费价格失去了调节道路内外停车设施供需的杠杆作用,增加路外专业停车设施供给的迫切需求无法凸显;三是部分新建公共停车设施由于周边缺少明显的诱导标志,驾驶人无法得知停车设施的具体位置、车位空余数量、入口方向等相关信息,进而影响停车设施的利用效率和运营收益。

7. 产权不明

目前,地上建筑,如停车楼项目可以按照规定的程序办理相关产权登记,但是立体停车库项目由于不具备建筑物的基本特征,因此,虽然能认定其产权,但是无法发放相关证件。而地下停车库由于常和地上主体结构相连,当两者的投资主体不一致时,就会导致项目地下室部分的产权难以进行分割,因此,地下停车库项目在产权不明晰的情况下也很难取得房产证。企业在投资这些项目后,若无法取得房产证,就意味着无法到相关金融机构进行抵押贷款。这不仅影响了企业的资金链,而且还迫使企业宁愿把资金投入到其他能获得银行更多贷款的城市基础设施投资建设上去,大大降低企业的投资热情。

8. 停车产业缺乏前瞻性规划

目前,我国停车企业还存在着小、散、弱的问题,主要表现为企业经营规模不大、停车管理设备落后、管理人员素质有待提高、安全监管责任落实不到位等。虽然我国具有良好的停车市场前景,但是停车产业化发展还缺乏规划、政策、技术等方面的保障,停车产业的发展目标、发展策略也没有明确,市场化道路还很漫长。

9. 行政审批困难

对于企业利用存量土地投资建设公共停车设施来说,虽然从理论上可以减少企业在土地获得环节的相关成本,但事实上,根据我国现有的法律法规规定,在企业自有存量土地上新建其他建筑物,包括对原有建筑物的改建、扩建等,不仅需要对新建建筑物进行审批,还需要对已建成部分的相关内容进行重新审核,使原有问题复杂化。此外,随着技术规范、标准的不断更新,新增建筑物后,整个地块的建设用地指标就会发生变化,如果涉及增加建筑物容积率、改变原有土地用途或是划拨补办出让的,还需要根据项目的实施情况补缴增加部分的土地出让金,最终导致经营者放弃建设。

三、加快城市公共停车设施产业化发展的道路分析

城市公共停车设施的投资、建设、运营和管理是一个复杂的系统工程。要想吸引更多的社会资本参与、科学提高公共停车设施供给,各级政府必须解放思想、主动作为,采取多种措施加快产业化发展。其根本思路是:政府应当充分运用供给侧改革的思维方式,及时转变政府职能,变加法为减法,树立起"政府引导,企业参与"的理念,鼓励和吸引社会资本参与公共停车设施的投资建设与经营管理,通过制定相关激励政策,加快释放土地、资本、体制机制、税收、环境、技术等要素在城市公共停车设施供给时的抑制作用,进一步降低供给成本,帮助企业解决社会资本盈利的痛点,逐步推动停车设施生产和相关服务行业发展壮大,实现公共停车设施投资、建设、经营、管理的市场化、专业化和智能化,最终形成停车行业的产业化发展目标。

(一)土地要素改革

土地要素是城市公共停车设施投资建设过程中的重要因素,改革的内容主要包括落实公共停车设施土地供应,降低土地开发费用。

1. 开展城市公共停车设施专项规划编制,保障公共停车设施土地供应

要尽快开展城市公共停车设施专项规划的编制,及时根据城市的战略定位、土地利用强度和方式、城市布局形态和城市交通状况等因素,重点加强城市中心区、CBD 地区、商业区、风景名胜区、大型居住区等地区的停车建设。建设城市绿地、公共建筑、交通枢纽等公共建筑时,要充分结合地下空间的开发和利用,同步规划配建一定比例的公共停车设施,并且鼓励适当提高配建标准,做到适度超前。同时要在每年的储备土地中确定一定面积的用地,专门用于引进社会力量投资建设公共停车设施,以确保公共停车设施土地的有序供应。针对城市核心区土地资源紧张的现状,可通过积极鼓励各单位利用自有用地建设公共停车设施的方式增加公共停车位的供给,在政策上可以允许其建设不受现有用地属性及规划控制的限制,对其项目的建筑面积也可不纳入容积率计算范围。

2. 减免土地开发费用

土地开发费用是城市公共停车设施投资建设过程中成本较大的一笔费用,尤其是对于那些停车规模较大、占地面积较广的停车设施。对于社会力量投资建设的公共停车设施,如果是以土地出让方式取得停车用地资格的,政府可以制定适当的土地出让优惠标准,譬如对

于地下停车场中地下一层和地下二层全额收取土地出让金,而对于地下三层及以下部分则不再收取土地出让金。地方政府在制定每个城市经营性停车设施用地的基准地价水平时,也可以在参照相应地段综合商业设施基准地价水平的基础上再乘以相应的折扣系数,以充分拉开同地段间经营性停车设施和配套商业设施之间土地出让价格的差距,进一步降低经营性停车设施土地出让的平均价格水平,吸引投资者。

(二)资本要素改革

资本的投入和回报是决定投资者投资意愿的最重要因素,因此在产业化过程中,应加快资本要素的改革,核心思想是降低城市公共停车设施供给时的资本投入,主要包括以下几点。

1. 建立公共停车设施建设补助机制

可参照国外其他城市经验,从国家和地方财政中拿出一定比例的资金用于建立公共停车设施的建设资金专项补助。参与城市公共停车设施投资建设的民营企业,只要停车设施建成完毕后能够接入城市综合交通信息管理平台,并且承诺对社会公众24h开放的,就可以享受政府提供的这笔建设资金补助。具体操作细则可由各地政府根据各地的实际情况进行细化和明确,资金补助金额也应根据停车设施的所属区域位置、停车设施类型、投资建设金额、车位容量以及地方经济的发展状况等因素综合确定。

2. 建立公共停车设施投融资和经营期补助制度

政府可在每年的土地出让金中拿出一小部分设立公共停车设施发展专项基金。该基金的主要用途包括两方面内容。一是投融资补助:政府按照停车设施的贷款金额、贷款利率和贷款期限等内容,对投资人因公共停车设施建设而产生的财务成本予以适当补贴。二是经营期补助:因为停车设施在经营初期,项目周边单位和人员对新停车设施的了解程度还比较低,停车利用率相对较低,停车经营收入一时难以达到理想水平,因此对于建设规模达到一定数量且独立依法纳税的公共停车设施经营企业,可由受益区财政部门依据其缴纳的营业税额对其经营初期的应纳税额进行适当补助,补助金额可根据停车设施的经营发展情况逐年递减,一般不超过5年。

3. 调整停车收费价格

价格是调节经济利益的重要杠杆,也是优化社会资源配置的重要手段。想要从根本上解决社会资本投资建设公共停车设施的回报不足问题,就要放开其对停车收费价格的管制,由经营者自己根据项目的实际运营情况来确定停车收费标准,积极发挥企业在市场资源配置中的主动性、决定性,减少政府对社会经济活动的过多干预。

停车收费价格是把双刃剑。如果停车收费价格定得过高,则会影响项目的停车利用率,如果停车收费价格定得过低,则会影响企业的经营效益。合理的停车收费价格不仅需要考虑停车设施的建设成本、财务成本、运营成本和合理的投资回报,还需要考虑区域极差、时间极差、类型极差等诸多因素。如何确定合理的停车收费价格,使之在消费者和投资者之间找到平衡点,是投资经营企业必须面临的抉择。此外,在价格放开的过程中,政府还需要做好价格的监管工作,防止因价格体系混乱而损害消费者的合法权益。

4. 实行建筑面积的容积率奖励

大型公共停车楼或地下公共停车库项目,由于建设初期一次性投入较高,项目回收期限较长,营利较为困难。因此为了拓宽投资者经营渠道,改善投资者经营条件,增加投资者的经营收益,政府可将原建筑面积中的 10% ~25% 部分作为奖励,供投资商经营与汽车产业相关的商业配套产业,如汽车修理、汽车美容、洗车等。同时,公共停车设施项目如果符合广告设置规划和标准,可以允许其设置广告,从而进一步吸引社会资本积极参与,提升社会资本的参与热情。

(三)体制机制改革

体制机制改革是吸引社会资本参与公共停车设施产业化发展、提高停车经营效益的另一重要手段,主要方法有优化行政审批制度改革、优化停车建设经营管理体制。

1.优化行政审批制度改革

各级政府部门可开辟公共停车设施审批的绿色通道,通过减少或合并审批权限等方式,进一步优化审批流程,减少审批时间,以进一步减少项目建设的施工风险,加快公共停车设施供给。如对临时性公共停车设施项目的审批可以由多部门的联审会议结果代替原有的立项、规划等串联式审批方式,切实提高审批效能,加快公共停车设施建设。

2.优化停车建设经营管理体制

由于城市公共停车设施的投资、建设、管理涉及多个行政审批部门,部门间政策不一致、连续性差等因素导致公共停车设施项目工程推进困难,这极易引发投资人对投资公共停车设施项目的顾虑。为此,政府应强化公共停车设施投资、建设和管理一体化,建立起一个专门负责全市范围内公共停车设施投资、建设、协调的常设管理机构,承担全市范围内公共停车设施建设的监督管理任务,并且起草制定城市停车法规、规章和相关政策,积极参与城市公共停车设施规划的编制、设计标准的制定等。

(四)税收制度改革

税收高低是影响投资者进行城市公共停车设施投资建设的最直观因素,因此税收制度改革的目的是进一步减轻公共停车设施投资企业的税务负担,主要可通过建立停车设施税费优惠制度实现。具体来说,政府可明确对于利用社会力量新建公共停车设施的建设项目,免除其市政基础设施配套费、临时占用绿地补偿费、临时占道费三项费用,同时减半征收人防工程异地建设费、城市易地绿地补偿费等其他费用,进一步减轻社会资本进行公共停车设施投资建设的资金压力,提高其投资热情。

(五)市场环境改革

良好的运营环境是公共停车设施企业获取理想停车运营收入的前提和基础,市场环境改革的重点是要优化公共停车设施的运营环境。虽然随着经济的迅猛发展,我国已逐步达到中等收入国家水平,但是国民的总体素质依然不高,很多消费者仍然缺乏对停车收费的正确认识,常常为了省钱或者方便选择在路边违法停车,不仅严重占用了道路公共交通资源,影响城市交通秩序,而且使得周围已建成公共停车设施的利用率大大降低,投资者的正常盈利难以得到保障。因此,政府相关部门必须从道路停车位的设置、严格执法和完善停车诱导设施等多个方面为公共停车设施的运营营造良好的外部环境。一般来说,对新建公共停车设施出入口 200m 半径以内应不再设置道路停车位,对违法占道的停车位应及时处罚,对长期占用公共停车位的“僵尸车辆”要实行强制拖车,同时要完善公共停车设施周边的诱导标志,从而提高公共停车设施的利用效率,改善其经营条件。

(六)技术改革

先进的生产技术是引领停车行业快速发展的风向标,更是提高停车企业市场竞争力的制胜法宝。加快停车行业发展就要加快停车设施的技术更新和革命,要进一步制定和完善停车行业发展纲要,加快对停车设施技术开发、设计、建设、应用等规范和政策的研讨和制定,促进专业化、高科技停车产品的广泛应用,同时要积极培育优秀停车企业,鼓励优秀企业参与城市公共停车设施的投资建设。此外还可以建立停车行业协会,使协会在停车经营企业与政府管理部门间架起桥梁和纽带,共同推进停车设施产业化发展。

第三节　建筑物配建停车场规划

配建停车场是指大型公用设施或建筑物配套建设的停车场,是主要为本建筑内人员以及相关出行者提供社会停车服务的场所。从更广义上讲,配建停车场可以在遵循城市停车政策的前提下配备数量高于配建标准的停车位。

一、建筑物配建停车场需求的影响因素分析

建筑物配建停车场停车位应该在城市总体交通发展战略指导下,根据城市静态交通发展政策,适当满足停车需求。建筑物类型、土地的区位差异、汽车保有量增长是影响配建停车需求最重要的3个因素。

1.建筑物类型

配建停车设施的车辆停放特性与其所服务的建筑类型有关,因而分析停车需求应首先确定建筑物的特性。不同建筑物其对应的用地性质、土地开发强度、出行吸引特性也不相同,从而影响了就业人员及其出行目的的分布,进而决定了建筑物停车需求量和车辆停放特性,例如停放时间分布、周转率等。对建筑物进行分类是为明确其实用性质,排除其他影响因素的干扰,保证调查和研究过程中停车调查数据的准确性,并减少误差。参考国外一些城市的建筑物分类标准,我国城市建筑物一般应分为:宾馆、酒店、餐饮、娱乐、办公、交通枢纽、文体场所、展览场所、医院、游览场所、住宅、商业服务及其他。其中住宅、办公、商业服务、宾馆、餐饮等建筑为研究重点。

2.区位差异

区位是城市土地利用方式和效益的决定性因素。城市建筑物所处区域的不同,其所产生的停车需求的空间分布特征也存在较大差异。不同的区域由于其交通、服务、环境等区位条件的差异形成了不同的城市土地利用情况。我国的东西部城市机动化水平不同,建筑物的停车需求也不同,同一城市中的不同地区所产生的停车需求也不同。对于经济较发达地区,城市经济活力和城市中心辐射能力较强、辐射范围较广,于是城市土地利用性质也沿辐射半径呈阶梯状变化,即处于不同辐射半径的区域,其土地利用价格与开发的强度、交通运行状况等均有差异。因此,有必要对城市布局做尽可能详细的分区调查,针对不同区域确定不同的配建指标。

3. 汽车保有量

城市中汽车数量的持续增长,导致了出行车辆的增多,引起了车辆停放需求的增长。汽车保有量的增长实际要产生大于其增长数量的停车需求。有关资料显示,每增加 1 辆注册汽车,将增加 1.2～1.5 个停车位需求。事实上,针对不同城市的情况,还应考虑常驻市内的外地牌照车辆和入城车辆产生的停车位需求。

二、建筑物配建停车场需求预测模型

研究不同性质与功能建筑物的停车位需求最基本的内容就是研究各类建筑物的停车生成率,即单位建筑面积或单位就业岗位数的停车量。分析总结国外的停车需求预测方法并结合我国城市的实际情况,有两种方法较为合适:类型分析法和静态交通发生率法。但是这两种方法都没有考虑用地性质的区位差异,因此,笔者建立了基于地块区位差异的停车需求模型。

1. 类型分析法

类型分析法是指根据对各类建筑物分别选择调查样本,然后进行统计和回归分析,得出各类建筑物的停车生成率。

配建指标样本的选择应保证调查结果的准确性,遵循以下几项原则:建筑物的使用功能和用地类型应是单一的;建筑物附近应有独立且供应充分的配建停车设施;与停车调查有关的数据能够获得;调查点在该类土地利用中具有典型性。

按照第一项原则,在城市停车交通调查选择多功能的综合楼调查样本时,为了保证样本的数量和代表的范围,应分别记录不同使用功能的特征数据。因为城市用地强度高、人口密集、停车设施严重供给不足,并且配建停车场服务于多个建筑物及建筑物配建停车场建设不足的情况会经常出现,第二项原则很难做到。在这种情况下,应区分不同的建筑物使用者以提高调查的准确性。因此,须采用连续调查并结合询问调查的方式,才能保证调查数据的完整性和准确性。

建筑物用地指标的选择。建筑物的停车生成与动态交通需求一样,也是土地开发利用的结果,因此在进行停车生成率分析时,应选择能较好地反映土地利用性质情况的自变量进行回归计算。根据《城市用地分类与建设用地标准》的规定,我国城市用地可划分为 10 个大类、46 个中类、73 个小类。研究表明,各典型用地类型中与建筑物配建停车生成率相关性较好的用地指标见表4-2。

典型用地类型与停车用地指标　　　　　　　　表4-2

典型用地类型	停车需求用地指标
居住用地	建筑面积
医疗卫生用地	员工数量、床位数、日就诊人数
工业、仓储用地	员工数量、建筑面积
影院、展馆等娱乐用地	座位数量、建筑面积
交通枢纽用地	高峰小时时长、平均客流量
道路广场用地	建筑面积

续上表

典型用地类型	停车需求用地指标
市政、办公用地	员工数量、建筑面积
教育文化用地	教职工人数、学生人数
商场用地	建筑面积

在确定了建筑物用地类型后,可以根据表4-2选择不同用地指标作为自变量分别进行回归分析,找出与停车需求量相关性最好的参数。

对数据的统计和回归分析是在对调查数据初步整理的基础上进行的。一般采用建筑面积与就业岗位数来进行回归分析,根据建筑物的不同性质,也可以采用用地面积和户数等自变量。根据实际情况和数据获得的难易程度,选择建筑面积比较容易达到要求。选择建筑面积作为进行一元线性回归的自变量对各类用地进行分析,其回归分析式的形式为:

$$y = ax + b \tag{4-1}$$

式中:y——停车需求量(停车位数);

x——建筑面积(或用地面积、户数)(m^2);

a,b——回归参数。

应用最小二乘法或有关的统计回归分析软件,可以拟合出各类建筑物的样本数据方程 $y = ax + b$,其中回归参数 a、b 可表示为:

$$a = \frac{n - (\sum xy)(\sum x)(\sum y)}{n(\sum x^2) - (\sum x)^2}$$

$$b = \frac{(\sum x)(\sum x^2) - (\sum xy)(\sum x)}{n(\sum x^2) - (\sum x)^2}$$

进行回归分析的同时,可以计算有关的统计参数对回归结果进行分析。

直接使用建筑物的停车生成率平均值是不合理的,应该对其进行修正。停车位设置应满足一定比例的公共建筑停车需求,应据此确定建筑面积的上下限,修订停车生成率。

2.静态交通发生率法

静态交通发生率法是指根据单位用地开发强度计算产生的停车需求量,定义为某种用地功能单位容量所产生的停车吸引量(每日累积停车吸引次数)。其基本出发点是:综合性功能区的停车需求是土地、人口、就业岗位和交通 OD 分布等诸多因素交互影响的结果。我国城市市区用地混杂,只采用传统的生成率模式,分门别类调查确定停车发生率难度大,精度未必可靠。而静态交通发生率虽难以完全满足建筑物停车生成率研究的需要,但它可以帮助我们了解停车需求的发展趋势以及不同地区或区域停车需求的不同特点,并且对于预测较大范围的总停车需求是一种较好的方法。用静态交通发生率法计算配建停车需求的表达式为:

$$P_{dj} = \sum_{i=1}^{m} a_i L_{ij} = \sum_{i=1}^{m} P_{dij} (i = 1,2,\cdots m; j = 1,2,\cdots n) \tag{4-2}$$

式中:P_{dj}——预测年第 j 小区基本日停车需求量(标准车次);

P_{dij}——预测年第 j 小区第 i 类用地的停车需求量(标准车次);

L_{ij}——预测年第 j 小区第 i 类用地的就业岗位数(个);

a_i——第 i 类用地的静态交通发生率,[标准车次/(100 工作岗位 × d),d 为每日累积停车吸引次数];

m——用地分类数;

n——小区数。

对于预测建筑物配建停车场的需求,最关键的问题就是研究确定建筑物的停车生成率。不论是类型分析法,还是静态交通发生率法,归根到底都是确定建筑物的停车生成率,即单位建筑面积或就业岗位数产生的停车量。

3. 建立基于区位差异的停车需求模型

根据前面对建筑物配建停车场的 3 个主要影响因素的分析,建立了基于区位差异的停车需求模型。考虑到建筑物利用性质的差异,城市建筑物所处区域不同,其产生的停车需求也会存在差异。建立模型如下:

$$P = \sum_i (d_i \cdot F_i \cdot M_i \cdot L \cdot R_i) \tag{4-3}$$

式中:P——停车需求量(停车位);

d_i——建筑物的第 i 种使用性质的节假日交通吸引影响系数;

F_i——建筑物的第 i 种使用性质的建筑面积(m^2);

M_i——建筑物的第 i 种使用性质对机动车的吸引系数;

L——区位影响系数;

R_i——建筑物的第 i 种使用性质所吸引的交通量产生的停车率。

考虑到某一建筑的使用性质并不一定单一,对于存在两种以上使用性质的建筑物,i 取 n,对于使用性质单一的建筑物,i 取 1。

对于餐饮、娱乐、宾馆、酒店、文体场所、游览场所、展览场所等性质的建筑物而言,节假日的交通吸引量要大于工作日的交通吸引量,因此,建议节假日 d_i 取 1.0 ~ 1.2,极高峰(五一、十一、大型活动会议)时取 1.5 ~ 2.0。对于办公写字楼而言则相反,工作日的交通吸引量大于节假日的交通吸引量,建议 d_i 节假日取 0.3 ~ 0.5。

在确定区位影响系数时,引入区位势的概念,即城市中某区位土地利用经济优势的大小。区位势是交通小区出行吸引和出行产生水平的量化描述,与交通小区交通可达性成正比,与交通小区用地聚集程度成正比,与到城市中心区的距离成反比。区位势 L_b 的表达式为:

$$L_b = kb^\beta A^x D^\delta \tag{4-4}$$

式中:L_b——区位势;

b——距中心区的距离(km);

A——交通可达性因子;

D——综合聚集规模因子;

β——距中心区的距离对区位势增长贡献的弹性系数;

x——交通可达性因子对区位势增长贡献的弹性系数;

δ——综合聚集规模因子对区位势增长贡献的弹性系数;

k——比例系数,停车高峰期停车数量与交通吸引量之比。

区位影响系数 L 可以参考计算得出的 L_b 值而得出，L 与 L_b 的值成正比例关系，L 的取值范围在 0.5 ~ 1.5。

三、建筑物配建停车场供给分析

在我国大城市，尤其是在大城市的中心区，土地开发强度大，建筑物集中，用地有限，不可能把大量的用地用于解决停车问题。那么对于一个公共建筑，更需要以最少的用地尽可能地解决停车需求问题，发挥最大的效益。而对于城市的外围区域和新开发的区域，则需要提供充足的车位，以刺激该区的交通量增长。

配建停车设施的供应既要满足动态交通停车的需要，同时又要进行适当控制。而制定合理的配建停车指标对保持城市的停车需求和停车供应的平衡关系、控制机动车的无限增长有很好的作用。同样的停车需求，不同的配建指标对应着不同的停车设施供应水平。制定限制停车设施供应的配建标准，设施必然供不应求，而设施供应满足了停车的需求，则可能刺激新的需求产生。对城市中心区而言，可通过规定配建指标的低限值来控制停车需求的总量，缓解城市中心区过度拥挤的交通，达到机动车保有量与停车供需之间一种低水平的供需平衡。

综合分析，可以得出结论：建筑物配建停车场供给可以分为充分供给、控制供给和全面控制 3 种供给模式。20 世纪 70 年代的美国，鼓励私人小汽车的发展，土地资源充裕，便采用充分供给模式。香港采用控制供给模式，严格限制在市中心区大量修建停车设施，通过控制停车位的供给来抑制停车需求，减少小汽车拥有量，促进公交的发展，同时利用价格机制，采用必要的停车收费，使停车位不致过分缺乏，达到停车设施供需之间低水平的动态平衡。新加坡采用全面控制供给模式。新加坡市中心区的人口高度密集，在市中心严格执行建筑物配建标准，逐步取消中心区路边停车位，并通过通行收费来控制停车需求。

根据我国现阶段的建筑物配建停车场供给情况，需综合考虑土地利用性质、城市的区域差异等因素。对停车高峰时段不同的土地实施停车共享，对于性质相近的土地可实施停车设施合并。对于一些市中心区或老城区，道路设施系统容量不足，动态交通已经十分拥堵，则应考虑在满足停车总量控制的基础上，适度降低市中心区建筑物配建标准，从而抑制中心区机动车的出行量，避免因公交使用率的下降而造成社会资源的浪费和社会成本的增加。对于大部分经济欠发达地区，强调的是要保持市区繁荣、增强市区活力。作为增强市区吸引力的措施之一，必须在市区提供足够的停车位，满足停车需求，即采用停车充分供给模式。同时，由于这些地区的城市还处于建设、发展、壮大阶段，城市土地、道路容量与发达地区相比均有富余，因此也有条件执行较为宽松的停车供给模式。

第四节　建筑物配建停车场的指标调整

一、建筑物配建停车场现行指标

1. 国外的配建指标
美国对各类建筑物停车需求及规划车位标准都做过细致的调查研究，其中最具代表性的是美国交通工程师协会(ITE)在1987年推出的建筑物停车生成率研究报告《停车生成率报告》(第2版),它汇集了美国、加拿大的1450条独立的停车生成研究数据,包括46种用地类型的样本,给出了46类不同用地和不同建筑物需求生成的回归公式和相关曲线图,为规划部门和发展商提供了丰富依据。目前,ITE正在组织研究人员制定《停车生成率报告》(第3版),截止到2001年4月,已经收集到2418条独立调查数据,用地类型也已增加到75类。

除美国外,世界上很多国家和地区都对建筑物配建停车位的指标和计算方法进行过研究。欧洲城市的指标分类比较粗糙。英国按照居住者和来访者分成两大类,其中商业和办公用地根据土地开发的不同分中心区和非中心区单独考虑;荷兰把办公楼的长时间停车与短时间停车分开考虑。日本、新加坡的配建指标分类简单明了,新加坡还考虑了区位的因素,各分区均采用不同的分类标准。由于各国经济发展水平、城市布局形态和汽车保有量情况的不同,因此各类建筑物规划标准也存在较大差异。表4-3列出了不同国家或城市所制定的不同建筑物配建停车位的标准。

不同国家(或城市)的停车位配建标准表　　　　　　　　　　表4-3

项　　目	美　国	波士顿	捷　克		新加坡	科伦坡
土地类型	—	—	市中心	其他		
千人拥有汽车辆(100辆)	4.0~4.5	3.5~4.0	—	—	1	0.25
普通住宅(户或ft²)	0.5~1.0	1~2	(350)	(350)	1.0	—
公寓(户或ft²)	0.5~2.5	1~2.5	(350)	(350)	—	3.0
办公用地(100ft²)	2~5	<5	4.5~6.5	5.5~7.5	10	10
饭店(房间数)	2~4	<6	4~7	6~10	10	10
商场(100ft²)	1.25~6	3.3~5	2.5~5.5	3.2~6.5	10	10
旅馆(房间数)	>1	1~1.4	3~9	3~10	5~10	5
工厂(100ft²)	2~3	[3~5]	—	—	30	—
医院(床位数)	0.7~4	1~1.25	10	—	5~10	10
影剧院(座位数)	3~4	5~8	5	—	6~8	20

注:1. 表中数据为提供一个停车位所需的建筑面积(ft²)或指定单位的土地利用指标;

　　2. 小括号内数据为以旅馆床位数计算;

　　3. 中括号内数据为以职工数计算:1000ft² = 92.9m²。

2. **国内的现行指标**

国内从20世纪90年代开始对建筑物停车配建标准展开了比较系统的研究。1988年,公安部、建设部联合颁发的《停车场规划设计规则(试行)》是国内比较早的停车配建标准。随着社会的进步,各个城市经过十多年的总结与发展,对标准不断进行了修订与完善。沈阳市1993年出台的配建标准基本沿用了《停车场规划设计规则(试行)》。1997年沈阳市首次开展配建标准的系统研究。1998年沈阳市实施的配建标准,其指标体系更为全面,建筑分类细化,指标值普遍提高。但随着城市化和机动化的快速发展,住宅、办公、商业等指标在2002年以后已明显不能适应实际停车需求,一些住宅小区刚建成就面临停车矛盾,为此南京市开展了新一轮的配建修订工作,于2003年正式实施新的配建指标。北京市1994开始实施的停车配建标准,而现行的2002年标准是在1994版标准的基础上进行了完善;修订后的居住、商业、办公类配建指标值比以往指标提高很多，居住类建筑性质分类细化，考虑了别墅（高级公寓）、商品房、一般住宅和经济适用房的差别。深圳市1997年制定了第一轮自己的停车配建标准，但是近几年随着停车形势越来越严峻，又于2003年开展了第二轮的停车配建标准的修订，主要的变动是：各类建筑物停车配建标准都有一定提高；建筑物的分类较细，共分为8大类23小类；体现区域差别，在不同地区灵活掌握具体标准值。

从国内典型城市的配建标准发展可以看出，各城市在制定标准时，相比以往在如下几方面有了明显的改进：首先，对停车配建建筑物的分类（级）更加合理与细化。例如，目前国内主要城市一般都将居住小区分为别墅、商品房和经济适用房三类的同时，又将商品房按建筑面积进行了细分。其次，制定的配建值都有所提高，在一定时期内基本能够满足城市的停车需求。由于城市机动车保有量的迅猛增长，早期的城市停车配建标准逐渐无法满足现状的停车需求，因此国内各主要城市每3~4年就会对标准进行修订通过适当提高配建值来解决停车难问题。最后，对按区域进行停车供给的理念也逐步有了认识。上海、昆明、重庆等地根据自身城市发展情况，将城市分为不同的区域，并且按照分区制定具有针对性的停车配建标准。

然而，目前国内标准制定的理念还不是很完善，不能满足社会发展的需要，主要体现在以下3个方面：

（1）区位意识有待加强。虽然国内部分城市开始按照分区来制定标准，但是没有一个明确而统一的规范或方法来指导城市进行合理的区域划分。同一城市中土地使用性质、功能、区位上的不同特点，都会使得在停车需求的强度方面有所不同。

（2）一味地提高停车配建标准。为了仅仅解决眼前的停车供给与停车需求之间的矛盾，国内大多数城市只能一次又一次地修订、提高配建值。由于土地开发强度和停车需求的不对称发展，单纯地提高配建标准势必将产生更多的交通问题。

（3）指标值的确定较笼统。例如，商业建筑物的停车配建标准一般只有一个指标值，然而商业建筑物的停车需求分为员工停车需求和来访者停车需求，应该以这两类的停车需求为基础，制定相应的停车配建标准。

从很多方面来看，有这样一种现象：我们总是谈论建立适合步行的社区，鼓励替代小汽车出行的交通方式，但建设执行的时候，又会强制要求配备一定数量的停车位。这种情况也极大地影响着我们建设城市的方式。停车配建下限可能会导致较小地块"无法开发"，仅仅是因为没有足够的空间来布置要求的停车位。事实上我们所做的一切在很大程度上是被小汽车、小汽车停车和小汽车交通所控制的。

可见，停车配建指标管理改革对居民出行方式、交通出行结构、开发项目的经济效益、城市环境污染及开发模式等都有着较为深远的影响，传递着居民希望建设怎样的城市等信息。

二、建筑物配建停车场存在的问题

1.部分建筑物缺乏配建车位，不能满足建筑物的车辆停发需求

我国多数城市在建筑物停车配建问题上，长期以来主要参照1988年颁布的《停车场建设和管理暂行规定》和《停车场规划设计规则（试行）》执行，但随着社会经济的发展和机动车拥有量的剧增，其配建指标在许多方面早已不适应建筑物停车需求的变化，更谈不上指导

建筑物超前建设停车位,尤其是不同性质的建筑物配建停车位指标存在很多缺陷,不能起到指导当前和今后停车场规划、建设与管理的作用。再加上一些目光短浅的建筑物业主不重视配建停车设施建设,对其低调处理或故意回避,配建停车场问题就更加严峻。

2.配建车位难以使用,需求无法就地解决

尽管已有大量的配建停车位,但车辆却受道路交通容量的限制,无法停放到配建停车场中,形成了另一种形式的浪费——动态交通与静态交通不平衡产生的停车问题。某些城市的交通出行中心,受道路容量限制,部分主次道路不得不进行了交通控制,部分路段被设为步行街。受此影响,一些大型商场周边的道路禁止和限制车辆进出,配建停车场出入口形同虚设,造成了停车位的大量浪费。南京市的新街口地区就是很典型的示例。

3.配建车位供需不平衡,区域影响大

配建停车场、路外停车场、路边停车场的供应结构不合理,中心区部分地区的停车供需矛盾突出。配建标准没有考虑建筑物在城市中所处区位的差异,即市中心与城市一般地区的差别。现行标准没有体现未来城市交通发展战略,也没有反映出中心区对停车需求的管理政策。

4.建筑物分类过于简单

配建停车场指标对建筑物的分类过于简单,大多数指标将是否涉外作为划分的依据。对于我国已经加入世界贸易组织(WTO)的今天,这一界限已经明显不合适了。市场经济带来了经济组织的多元化,也带来了社会的多元化,人们物质文化生活和经济交往、商业活动和建筑物使用性质也呈现多样化趋势。配建标准中对餐饮、商业性质的建筑物不加区别地直接给出配建指标的做法,已经极不适应当今经济制度的变迁、产业结构的重组和社会结构的转型。

5.现行配建指标的取值偏低,部分建筑物建成后即面临停车位不足的问题

其中比较突出的是住宅区的配建标准不够明确,应按照住宅的档次和住宅小区的规模来规定配建标准。考虑到未来私人小汽车的快速增长,住宅的配建标准应该适当提高,满足未来停车需求量的增长。

现行的停车位标准中,是依照20世纪90年代的经济水平对建筑物的类型进行划分的,建筑物类型划分不尽合理,停车位指标普遍偏低,不但无法满足未来不断增长的停车需求,就目前的停车需求都难以满足。如对旅馆类型的划分不合理,还是按照改革开放初期的状况进行划分的,无法适应目前的停车需求状况。

三、建筑物配建停车场指标调整研究

1.建筑物配建停车场指标调整的原则

目前国内大城市停车供需矛盾不断加大,原有建筑物停车配建指标越来越不适应新的形势发展需要,修订工作势在必行,从发达地区城市在建筑物停车配建指标的制定和执行过程中的成功经验和上述我国停车配建的具体问题可得出如下几点原则。

(1)配建指标的修订必须具有一定的前瞻性和超前性。应在研究未来建筑物停车需求率变化趋势的同时,完善指标的量化,明确各类配建停车位数量,并应考虑和设定无障碍停车位(残疾人专用)的配建比例。

（2）研究城市不同发展区域的停车需求率，考虑建筑物配建停车位的区位差异，将市中心区、外围区按不同建筑性质分类。在此基础上，制定合理的建筑物停车位配建标准。

（3）允许和鼓励相邻的不同用地类型的建筑物进行停车位共享最大限度地提高城市的土地使用效率；而交通吸引量大或对周围道路交通较敏感的开发项目必须进行交通影响评价。

（4）考虑建筑分类的合理性，建议旅馆按星级划分等级，商场和饭店按规模、位置划分等级，按具体调研资料核实相应配建停车位标准，为保证配建指标的可操作性和可实施性，必须制定相关的政策法规；并确立每 3 年进行一次系统的停车需求研究和对现行指标的分析检讨的管理机制，保证指标合理可行。

（5）为配合"自备车位"政策的实行，保证车辆在出发地有固定的停车位，需要根据小汽车进入城市家庭的发展趋势，相应地提高住宅等用地类型的配建标准。

2. 确定建筑物配建停车场指标的步骤

对建筑物停车设施配建指标的调整研究，主要步骤如下。

（1）确定建筑物的类型并进行调查。

进行建筑物配建指标的研究，主要是确定建筑物停车生成率的研究，这需要对相同用地类型进行大量调查，保证调查结果的准确性。

（2）计算建筑物配建停车位需求量。

确定建筑物的类型，获得建筑物使用性质的特征指标，根据上节所述的模型，得到建筑物的停车需求量，可以计算建筑物配建停车位的需求量。

对于建筑物停车位需求量，由于同一辆车可以连续停放多个小时，所以不能简单相加，需要引用停车时耗 $D(t)$ 的概念来进行分析，其计算公式如下：

$$D(t) = \sum_{i=1}^{n} t_i \qquad (4-5)$$

式中：t_i——第 i 辆车停放的时间；

n——累积停放车数。

停车时耗能够更为确切地反映停车位的实际使用情况，同时与交通量一样，1h 内的总停车时耗等于其中各个时段的停车时耗之和。

在计算建筑物停车位需求时，可大致确定各建筑物实际停车位需求量的上、下限范围：停车位供应量的上限可以采用建筑物全天高峰小时的最大停放量；停车位供应的下限根据不同区域的不同建筑物类型而定。每个停车位在 1h 内所能提供的最大停车时耗为 60 停车位·min，因此如果把停车时耗的高峰小时作为设计时间的话，可以取高峰小时的停车时耗除以 60 作为停车供应的下限，此时停车时耗的占用率为 100%。

（3）分析建筑物的区位特性。

主要是分析建筑物所处城市的区域经济特性、所处区域在城市中的位置特征，如我国东西部城市的差异。我国某些城市的建筑物配建指标上已体现出了区位因素差异。如北京规定，在三环路以外的新建居住区按每千户 500 个车位标准设置；在三环路以内、二环路以外地区按每千户 300 个车位标准设置的分区设置标准。广州市则按照人口和建筑密度，将市区分为 4 个区域，标准由低到高。

（4）确定停车场的供给方式。

根据计算出来的停车需求量和分析得出的区位特性,确定供给方式。根据确定的供给方式,适当调整建筑物配建指标,得到合理的、适应区域发展需求的建筑物停车场配建指标。不同的供给方式下,相同类型的建筑物停车场配建指标都会有较大差异。

3. 基于区位差异的建筑物配建停车场供给方式下的指标调整

（1）充分供给。

充分供给方式是指按建筑物的最大停车需求配建停车位。目前我国各大城市,尤其是市中心区的停车设施供给严重不足,因此在中心区周围区域应实行比较宽松的停车供给政策,以保证整个城市范围的停车供需总体水平的平衡。而中西部机动化水平较低地区,应采用发展、壮大市区,保持市区繁荣,增强市区活力的战略。作为增强市区吸引力的措施之一,就必须在市区提供足够的停车位,满足停车需求,即实行充分供给政策。同时由于这些地区的城市还处于建设、发展、壮大之中,城市土地、道路容量通常均有富余,因此也有条件执行较为宽松的停车供给政策,采用相对较高的配建标准,使城市在进入小汽车普及时代之前就做好充分的准备。

住宅区应当尽可能充分满足当前及未来的交通需求,配建标准不是最高标准,而只是建设单位提供车位的最小值。

城市的中心外围区域,建筑物应实行比较宽松的停车供给,制定较大的建筑物配建指标,以保证整个城市范围的停车供需水平总体平衡。

（2）控制供给。

控制供给方式是指为充分满足当前及未来的交通需求,对住宅区、公用设施和商业设施的配建标准做下限规定,严格限制在市中心区大量修建停车设施,通过控制停车位的供给来抑制停车需求,减少小汽车拥有量,促进公交的发展。同时利用价格机制,采用必要的停车收费,使车位不致过分缺乏,达到停车设施供需之间低水平的动态平衡,这体现了鼓励在市中心区使用公交、限制私人小汽车的策略。同时,针对交通流量和机动化发展水平对配建标准进行及时修正。

目前我国大多数城市道路网络稀疏,停车场设施极度缺乏,现有的城市空间结构和道路网系统难以承受机动化的猛烈冲击。停车场配建标准作为城市交通需求管理的核心内容之一,对保持城市的停车需求和停车供应的平衡关系、控制机动车的无限增长有很好的控制和调节作用。为了确保停车设施的规划与城市整体交通发展战略的协调发展,在交通较为拥堵的区域,配建停车场实行控制供给。

对于实行控制供给地区,应降低配建标准。当然,低标准只是一个相对的概念,针对目前我国停车位严重短缺的状况,仍应以扩大供给为主。

对于北京、上海等大城市以及东部经济较发达地区,机动化水平相对较高,发展较快,市区经济较为繁荣,城市土地已高度开发,建筑物密集,用地紧张,地价昂贵,可以借鉴香港、新加坡等国家和地区的经验,采取控制供给的原则。

（3）全面控制供给。

全面控制供给是指对建筑物配建实行低标准,对车辆拥有、使用和停车需求进行全面严格管理,在市中心严格执行建筑物配建标准,逐步取消中心区路边停车,并通过通行收费来

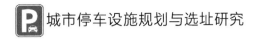

控制停车需求。

对于一些城市的中心区或老城区,道路设施系统容量不足,交通已经十分拥堵,则应考虑实行全面控制的政策,以避免公交使用率的下降、社会资源的浪费和社会成本的增加。

第五节　停车设施之间的停车位共享分析

一、停车位共享概述

停车位共享是指两个或两个以上的建筑物(如商场、办公楼、餐馆、医院等)共用同一个停车场。

在城市停车设施规划中,如能将一些停车需求高峰时段不同的用地布置在相邻的地块,将会使城市停车设施总用地有所减少。

不同的土地利用性质,在一天或一周中会有不同的停车需求高峰。这可使得相邻的用地性质之间停车位共享成为可能。停车位共享可以使总的停车用地得到减少,那么就可以为其他更有意义的城市规划项目留出余地。对于停车位共享而言,最重要的是要进行具体的、不同时段的停车需求调查,得到具体的数据,在此基础上才可以进一步实施停车位共享。

城市中的一个区域内,不同的建筑类型之间可以利用不同的停车需求高峰实现停车位共享,如表4-4所示。

高峰停车需求比较

表4-4

高峰时段	工作日高峰	晚间高峰	周末高峰
建筑类型	银行,学校,工厂,医院,办公楼,科研机构等	娱乐场所(酒吧、舞厅),餐馆,剧院,电影院,休闲健身场所等	商店、大型商场,公园,超市,休闲健身场所等

有两种共享停车位的方法。一种是对于两个或两个以上的相邻停车场的使用者来说,如果在每个星期或者每天,每个停车场使用者的最大停车需求都是在不同的时间产生的,那么,就有可能通过停车位共享削减每个停车场的停车需求量,这就是共用停车场的时间共用方法。另一种方法是每个建筑轮流使用公共停车场。

采用如图4-1所示的分析方法分析不同土地利用性质建筑的停车位共享可行性,针对各个城市各个不同区域进行实际分析。

二、高峰停车需求不同的停车位共享分析

写字楼和餐馆、剧院就可以适当、有效地共享停车位。因为写字楼的停车需求高峰在工作日白天,而餐馆和剧院的停车需求高峰是在晚上和周末。这样,与每个建筑都按标准独立地建设停车位相比,可以通过停车位共享减少近20%~40%的停车位。

下面举个简单的例子。

在一个多功能混合型的用地区域,有一个面积为4000m²的办公楼和一个面积为5000m²的餐馆。计算这些建筑物停车需求量时用到下面的公式:

$$停车需求量 = 停车率 \times 建筑物面积$$

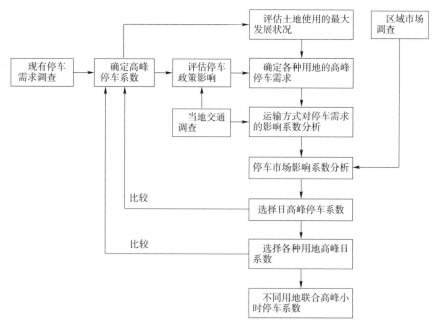

图 4-1　一种共用停车位分析方法

如果该办公楼的停车需求的下限是 2.7 停车位/1000m²,而此餐馆的停车需求下限是 15.3 停车位/1000m²,那么按这个最低标准单独建设停车位,则共需要建设的停车位数为:

办公楼需求停车位数 = 2.7 × 40000/1000 = 108 停车位

餐馆需求停车位数 = 15.3 × 5000/1000 = 76.5 停车位 ≈ 77 停车位

总需求停车位数 = 108 + 77 = 185 停车位

由于两个建筑物的用地性质不同,他们的停车需求高峰也不同,每一个建筑物中各个时段的停车需求量总和应该也是不同的。那么如果考虑到停车位共享,针对一天中不同的时间段的停车率来计算的停车需求停车位数:

(1)11:00,办公楼停车需求高峰期,办公楼需求停车位 = 3.0 停车位/1000m²,餐馆需求停车位 = 6.0/1000m²。

此时的总需求停车位 = (3.0 × 40) + (6.0 × 5) = 120 + 30 = 150 停车位

(2)19:00,餐馆停车需求高峰期,办公楼需求停车位 = 0.2 停车位/1000m²,餐馆需求停车位 = 20.0/1000m²。

此时的总需求停车位 = (0.2 × 40) + (20 × 5) = 8 + 100 = 108 停车位

(3)13:00,总停车需求高峰期,办公楼需求停车位 = 2.7 停车位/1000m²,餐馆需求停车位 = 14.0/1000m²。

此时的总需求量 = (2.7 × 40) + (14 × 5) = 108 + 70 = 178 停车位

可以看出,单独修建停车位比共享停车位在修建停车位总数上要多。通过共享车位,不但能满足各个建筑的高峰停车需求,还能够减少总停车位数量,节省社会资源,降低停车位修建成本。

但是对于具体城市具体区域的综合用地,则需要调查出各个时段的停车率,再进行综合分析比较,得出占用土地资源最少、建设成本最少的停车需求量。

由以上分析可知，在一个多功能综合区，可以通过适当的规划设计和管理，把一天中不同时刻、一周中和一个季节中不同日子的停车峰值结合起来，从而减少一个城市地段内停车位的总量。停车位共享规划思想，正是通过多种功能混合的用地规划，鼓励多目的的出行，这样有可能充分利用城市有限的空间。

自备车位与公共停车位之间的停车位共享，就是类似第二种方法的停车位共享，其具体的分析过程可以参照上述方法，进行停车位需求的最小化计算。

自备车位与路侧停车位资源的共享，是指在住宅区附近，可以根据实际情况，利用夜间车辆较少的道路作为夜间小区停车场。如白天道路交通流量较大但夜晚车流量较小的道路，可以实行路边限时停车，如规定某一路段只能在18:00—7:00之间供居民区内住户的车辆使用。

一周内停车需求高峰不同的停车场使用者的停车位共享，是指办公楼、政府机关科研机关等停车场都可以在周末对公众开放。如日本京都等城市把政府部门的停车场在星期六和星期日向公众开放。

停车位共享固然节省资源，但是还要考虑到停车者停车行为的特性。如果为了节省资源，但造成了停车者存放车步行距离过长，停车位共享将会产生新的停车问题。表4-5给出了不同的人、不同性质的用地吸引人出行的可接受的步行距离。所以在考虑停车位共享时，还要考虑人们的心理接受程度。

可以接受的步行距离 表4-5

步行距离	近距离 （小于50ft）	短距离 （小于100ft）	中间距离 （小于1200ft）	长距离 （小于1600ft）
不同的人/不同性质的用地	残疾人，负重的人有紧急任务的人/便利商店等	居民/食品杂货店，科研机构，医院诊所等	雇员/一般的零售店，餐馆，娱乐中心等	飞机场停车场，大型运动或文化活动中心，不限量供应的停车场等

注：资料来源于 http://www.vtpi.org/tdm/tdm89.htm。

因此，应综合考虑各种因素和各城市的实际情况，采取适当的停车位共享政策。

第五章 沈阳市实地案例分析

第一节 沈阳市停车需求预测

通过前述对几种停车需求预测模型的对比分析,停车生成率模型更适用于单一土地类型,适合规划土地利用变化不大的城市研究区域,例如沈阳市中街区域这种具有历史格局的不易进行大型整改规划的地域。因此,本文拟采用停车生成率模型来进行停车需求预测,并对其只适用于分区且预测期短的不足稍加优化,添加修正因子,旨在进行精度改进。

1.停车生成率模型修正因子的标定

(1)路网流量的年增长率。

道路网络交通量增加意味着该区域的机动车保有量将增加,停车场的使用率也会被影响。因此,路网流量是停车需求预测的一个重要组成部分,根据目前的研究,城市中每增加 1 辆汽车,相应的需要增加 1.2 ~ 1.5 个停车位以满足停车需求。根据路网流量变化与停车位之间的动态关系,对路网流量的年增长率 γ 进行校准标定。

相关量涉及城区路网流量,路网流量是指城市路网各路段交通量的加权(里程权)平均值,计作 Q_N,其计算公式为:

$$Q_N = q_i \frac{L_i}{L_N} = \sum q_i p_i \tag{5-1}$$

式中:q_i——第 i 个路段交通量(辆/d);

L_i——第 i 个路段里程(m);

L_N——城市机动车主干道的总里程(m),$L_N = \sum L_i$;

p_i——里程权,$p_i = L_i/L_N$。

参考市中心主要道路网络交通调查数据,可以计算历年路网流量,并依靠此数据计算得出路网流量的年增长率。考虑到机动车保有量在城市中心区主干道路网流量中起着至关重要的作用,因此引入弹性模量法来预测路网流量:

$$路网流量增长弹性系数 I = \frac{路网流量的年增长率(\%)}{机动车保有量的年增长率(\%)}$$

假设未来的道路网络交通弹性系数是恒定的,则可以根据机动车保有量的年增长率,通过计算得出规划年路网流量的年增长率 γ。

(2)停车率变化的修正系数。

停车率指日停入的车辆数量与主干道日交通量之比,即停车率 = 日停放数/干道日交通量。停车率的高低与停车需求的多少密切相关。在相同的交通量下,停车费率越高,停车需求越大。停车率修正系数 k 可以取未来年规划区域内的预估停车率与现状停车率的比值。

（3）高峰小时停车位利用率。

停车位利用率是指每个停车场的实际停留时间与工作时间内的总工作时间之比。它反映了停车位的时间利用效率。

$$\lambda = \frac{\sum_{i=1}^{n} t_i}{C \cdot T} \qquad (5\text{-}2)$$

式中：t_i——高峰小时第 i 辆车的停车时间；

    C——停车设施容量；

    T——高峰小时计算时间。

停车位利用率与停车需求数值成反比，高峰小时停车位利用率越高，停车场中车辆的流动性越差，停车需求量也就越少。

（4）高峰小时停车位周转率。

高峰小时停车位周转率是指单位停车位在工作时间内平均停车次数。

$$\chi = \frac{N}{C} \qquad (5\text{-}3)$$

式中：χ——停车位周转率（次）；

    N——工作时间内总停车数量（个）；

    C——停车场的停车位数量（个）。

高峰小时停车位周转率是高峰时段单位停车场的平均停车次数，反映了停车场的空间利用效率。高峰小时停车位周转率 = 高峰小时内总停车次数/停车设施的容量。根据上述公式，$\chi > 1$ 时，停车供应超过停车需求；如果 χ 很小，每辆车占用的停车时间将相应增加，停车设施的供应可能无法满足停车需求。

2. 停车需求预测模型

结合上述停车生成率修正因子，构建如下停车需求预测模型：

$$P_{ai} = \frac{\sum_{i=1}^{n} R_{aij} \cdot L_{aij}}{\lambda_{ij} \cdot \chi_{ij}} \cdot (1 + \gamma)^t \cdot k \qquad (5\text{-}4)$$

式中：P_{ai}——规划区域第 a 年第 i 小区高峰小时停车需求量；

    R_{aij}——规划区域第 a 年第 i 小区第 j 类用地单位停车需求生成率；

    L_{aij}——规划区域第 a 年第 i 小区第 j 类土地的数量；

    λ_{ij}——第 i 小区第 j 类用地的停车高峰小时停车位利用率；

    χ_{ij}——第 i 小区第 j 类用地的停车高峰小时停车位周转率；

    γ——规划区域主干道路网流量的年平均增长率（%）；

    k——停车率变化的修正系数；

    t——规划年限（年）。

其中，R_{aij} 值可通过停车调查时，在规划区域和特定类型的典型建筑物的建筑区域获得停车高峰时段的停车场数量来确定。而 λ_{ij}、χ_{ij}、γ、k 可通过求解前述修正因子的标定方程来确定。

第二节　调研数据

　　根据实际地理情况,本次调研选择了中街区域作为沈阳市中心城区的典型代表。中街作为中国第一条商业步行街、中国十大著名商业街,是迄今为止中国内地最长的商业步行街。

　　中街位于沈阳市中心城区沈河区。考虑到其特殊的布局结构和历史文化积淀性,针对"井"字形街道中独具皇城特色的商业用地区域,笔者对这条全长为1500m的国内最长商业步行街进行实地考察。

　　根据调查研究沈阳市中街区域停车设施选址及布局,整理出各分区公共停车位及路内外停车位供给现状。规划区域内路内停车位数为1050个,其中未划线停车位389个,约37%为违章停车。统计数据见表5-1。

各片区公共停车位数量(单位:个) 　　　　　　　　　　　表5-1

区　　域	公共停车位	路　　外	路　　内
朝阳街以西中街以南故宫以北(A区)	752	483	269
朝阳街以西中街以北(B区)	535	334	201
朝阳街、东顺城街中部(C区)	2227	1851	376
东顺城街以东大什字街以西中街以南(D区)	338	293	45
东顺城街以东大什字街以西中街以北(E区)	486	434	52
大什字街以东小什字街以西中街以南(F区)	211	132	79
大悦城商圈C馆区域(G区)	388	360	28
合计	4937	3887	1050

　　结合实地停车现状调查和综合土地利用性质,可得出如下绪论:E区供需基本处于平衡状态,A区、B区、F区、G区供给略小于需求,C区居住区域供给略大于需求,而D区域供给严重小于需求。对于供给略小于需求的区域,需要严格执行停车配建指标,同时进行停车费率调整、增加停车位及加强停车诱导等停车管理措施,同时严格控制路内停车。现有配建和公共停车场车位比例如图5-1所示。

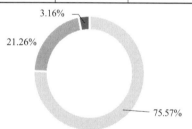

图5-1　现有配建和公共停车场车位比例

（图中标注：3.16%、21.26%、75.57%；图例：配建停车场、路内停车泊位、公共停车场）

第三节　停车需求预测

1.高峰小时停车发生率

　　从国家"九五"科技攻关专题"城市停车管理体制与法规研究"中可知,我国城市各类停车设施合理的比例为:公共停车设施车位占17%～23%,建构筑物配建停车位占77%～83%;路内公共停车设施、路外公共停车设施与配建停车设施的停车位比例近似为1:4:25～3:12:50。由此可知,三类停车设施比例近似为:路内公共停车设施车位占3%～5%,路外公共停车设施车位占13%～20%,建、构筑物配建的公共停车设施停车位占75%～85%。

在三类公共停车设施中,配建公共停车设施最基本,在停车设施中占据主体地位,路内、外公共停车设施亦是停车设施的重要组成部分。对于城市主城区公共停车设施的设置,可以根据城市主城区总体公共停车设施结构要求,结合公共停车设施的现状条件作出相应的调整。其中,在主城中心区,路内公共停车设施所占比例可以适当地提高,但一般规划不应超出停车设施总量的10%;在主城边缘地区,路内公共停车设施比例取低值或暂时预留不予设置。公共停车设施供需关系结构如图5-2所示。沈阳市不同用地的高峰停车发生率指标见表5-2。

图 5-2　公共停车设施供需关系结构

沈阳市不同用地的高峰停车发生率指标(单位:标准停车位/100m² 建筑面积)　　表 5-2

用地性质	居住	商业金融	办公	文化娱乐	医疗	体育	教育	交通	绿地	市政	工业	仓储
停车发生率	0.8～1.5	0.8～1.25	0.35～0.45	0.5～0.8	0.35～0.55	0.2～0.35	0.15	0.04	0.02	0.02～0.03	0.05	0.1

2. 停车位利用率

路外停车场是选择的中街区域的主体,占总停车场停车位数的81%。图5-3反映的中街区域内停车位利用率的特性如下。

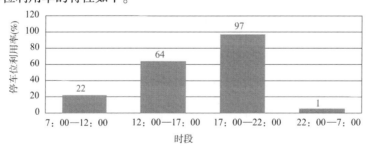

图 5-3　不同时段停车位利用率

(1)停车位利用率在上午时段和夜间时段相对较低,而利用率较高的时间段是在晚间的17:00—22:00 时段,利用率约为97%,22:00 以后的夜间时段利用率仅为1%。

(2)恒隆商业中心以及大悦城 A 馆 C 馆区域在工作日的利用率相对较高,上午时段相较 16:00—21:00 晚间时段来说利用率较低。

(3)在周末期间,停车位利用率普遍上升,例如,晚间时段的恒隆区域与大悦城区域停车位利用率达到了100%,其他商圈区域同时段停车位利用率也达到了82%。

(4)通过分析各停车场各时段利用情况,路内停车场总体停车位利用率较高,大部分区域利用率为70% ~90%,而路外停车场在工作日的白天则利用率很低。

(5)商圈中餐饮娱乐区域晚间时段利用率明显高于上午时段。部分主干道停车位配建不足,晚间时段在交通流量相对较低的路段占用车行道停车现象严重,如F区域。

因此晚间时段停车位利用率高于白天时段,周末时段利用率高于工作日时段。

3. 停车周转率

停车周转率是衡量公共停车设施中的每个车位在调查期间被使用次数的指标,代表着调研期间停车场内每个停车位的平均利用次数。

结合国内外研究资料及相关土地利用和区域特性对比,可确定沈阳市中街区域内停车位的平均停车周转率为1.595,其中7:00—12:00时间段为0.11,12:00—17:00时间段为3.93,17:00—22:00时间段为1.81,22:00—7:00时间段为0.53,整理得柱状图如图5-4所示。

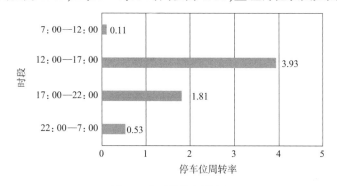

图5-4　各时段停车周转率

4. 停车时间

停车时间能够反映停车需求特性,图5-7为抽样调查中街区域路内外停车时间对比图。从中街区域路内外停车时间可以看出:路内停车多为短时停车服务,停车时长主要集中在0.5 ~2h,平均停车时间为76min;路外停车多在1 ~3h,平均停车时间为89min,明显高于路内停车时间。

停车需求具有随时间和服务对象波动的特性,通过分析中街区域各停车位停车时间对比,得出如下结论:区域内路外停车场的高峰时段为17:00—20:00;住宅配建停车场高峰时段为19:00—7:00;路内停车的高峰时段为11:00—13:00 和14:00—16:00;商圈内餐饮娱乐路内停车的高峰时段为18:00—21:00。图5-5为停车时间对比图。

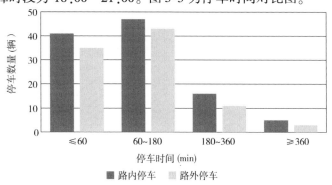

图5-5　中街区域停车时间对比图

5. 主干道路网流量年平均增长率

鉴于交通与土地利用的关系,假设 2030 年中街各区域交通发生率不变,根据沈阳市土地利用规划,结合交通量调查中其他省市近两年高峰小时交通量数值,得到 2030 年预测交通发生量及吸引量见表 5-3。

交通产生量及吸引量   表 5-3

现 状 用 地		现状年(2019 年)	规划年(2030 年)	变化率(%)
交通发生量 (辆)	早高峰	2683	2967	10.59%
	晚高峰	1846	2096	13.54%
交通吸引量 (辆)	早高峰	2676	3560	33.03%
	晚高峰	2071	2156	4.10%

6. 停车需求计算

考虑到修正后的模型需要标定的变量较多,数据处理相对来说较为复杂,不适用于较为常用的 SPSS 软件,于是转而应用数据处理插件,如图 5-6 所示。

图 5-6 应用插件

使用 Docs and Spell Utilities 等数据处理软件,结合 TeX Live Utility 配件进行模型录入,通过 LaTeXiT 进行数据输出处理,相关程序界面如图 5-7 所示。

图 5-7 程序界面

依据以上标准和标定修正因子的所选模型,令高峰停车发生率取下限值,将整理后的数据代入计算,如图 5-8 所示。

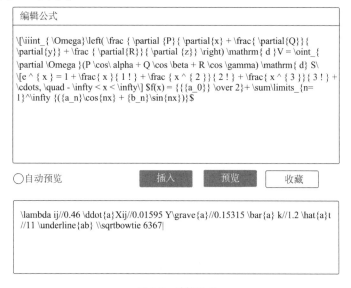

编辑公式

\[\iiint_{\Omega}\left(\frac{ \partial {P}{ \partial{x} + \frac{ \partial{Q}}{\partial{y}} + \frac{ \partial{R}}{ \partial {z} } \right) \mathrm{ d }V = \oint_{ \partial \Omega }(P \cos \alpha + Q \cos \beta + R \cos \gamma) \mathrm{ d} S\ \[e ^ { x } = 1 + \frac{ x }{ 1 ! } + \frac { x ^ { 2 }}{ 2 ! } + \frac { x ^ { 3 }}{ 3 ! } + \cdots, \quad - \infty < x < \infty\] $f(x) = {{{a_0}} \over 2}+ \sum\limits_{n=1}^\infty {({a_n}\cos{nx} + {b_n}\sin{nx})}$

○自动预览　　　插入　　预览　　收藏

\lambda ij//0.46 \ddot{a}Xij//0.01595 Y\grave{a}//0.15315 \bar{a} k//1.2 \hat{a}t //11 \underline{ab} \\sqrtbowtie 6367|

图 5-8 计算公式

得到所研究的中街区域高峰期约需 6367 个停车位,得到平均调整系数 6367/4937 = 1.28964958≈1.29。预测的各分区公共停车位及路内外停车位数量见表 5-4。

各片区公共停车位数量预测值(单位:个)　　　　表 5-4

区　　　域	公共停车位数量预测值	路外停车位数量预测值	路内停车位数量预测值
朝阳街以西中街以南故宫以北(A 区)	970.08	623.07	347.01
朝阳街以西中街以北(B 区)	690.15	430.86	259.29
朝阳街、东顺城街中部(C 区)	2872.83	2387.79	485.04
东顺城街以东大什字街以西中街以南(D 区)	436.02	377.97	58.05
东顺城街以东大什字街以西中街以北(E 区)	626.94	559.86	67.08
大什字街以东小什字街以西中街以南(F 区)	272.19	170.28	101.91
大悦城商圈 C 馆区域(G 区)	500.52	464.4	36.12
合计	6368.73	5014.23	1354.5

将计算所得数据取整,得到中街区域 2030 年停车位规划数见表 5-5。

各片区公共停车位数量预测取整值(单位:个)　　　　表 5-5

区　　　域	公共停车位数量预测值	路外停车位数量预测值	路内停车位数量预测值
朝阳街以西中街以南故宫以北(A 区)	970	623	347
朝阳街以西中街以北(B 区)	690	431	259
朝阳街、东顺城街中部(C 区)	2873	2388	485
东顺城街以东大什字街以西中街以南(D 区)	436	378	58
东顺城街以东大什字街以西中街以北(E 区)	627	560	67

区　　域	公共停车位数量 预测值	路外停车位数量 预测值	路内停车位数量 预测值
大什字街以东小什字街以西中街以南(F区)	272	170	102
大悦城商圈C馆区域(G区)	500	464	36
合计	6368	5014	1355

由于朝阳街、东顺城街中部C区以及大悦城商圈C馆G区是以商场地下车库为主,其路内停车位很少,考虑到地下停车场扩建的困难度,将其调整为内部容量,不进行更改。

C区和G区的路外停车位的增长量分别为537辆和112辆,将路外停车位数调整为1851辆和360辆,总增长量649辆按中街区域土地利用形态根据比例分配至A区兴隆商场后门的室外停车场和D区的大悦城B馆后身的居民宅配建停车场以及F区的大悦城D座后身正在投入建设的规划停车区。

其选区比例分别为A区15%、D区25%、F区60%;即A区增长97.35辆、D区增长162.25辆、F区增长389.4辆,取整分别为97、162、389辆。

因此,A区路外停车场数量额外调整增长量为237辆、D区为247辆、F区为427辆。整理数据见表5-6。

各片区公共停车位数量规划值(单位:个)　　　　　　　　　表5-6

区　　域	公共停车位数量 预测值	路外停车位数量 预测值	路内停车位数量 预测值
朝阳街以西中街以南故宫以北(A区)	970	720	347
朝阳街以西中街以北(B区)	690	431	259
朝阳街、东顺城街中部(C区)	2336	1851	485
东顺城街以东大什字街以西中街以南(D区)	598	540	58
东顺城街以东大什字街以西中街以北(E区)	627	560	67
大什字街以东小什字街以西中街以南(F区)	661	559	102
大悦城商圈C馆区域(G区)	396	360	36
合计	6369	5014	1355

第四节　停车设施选址原则和影响因素

1.城市停车设施选址原则

停车场布局是在已知停车需求的总量和分布,且在设定停车容量的情况下配置停车能力的最优化问题。设置路边停车场时应遵循以下原则:

(1)由于城市主干道上交通量较大,应禁止设置路边停车场;城市中心区内的路边停车场也需要通过合理的停车收费政策来控制停车需求总量,保持供需平衡。

(2)由于路边停车对道路交通有重大影响,因此不应提倡路边停车形式。当城市中心区停车需求量严重超过停车位数时,可以通过限制车辆在路内停车位的停车时间,以提高路内停车位的停车周转率;此外,中心区域的建筑物需要配备停车位作为城市停车场的主体,以满足建筑物自身人员停车和外来人员停车的双重需求。路内停车主要应用路边停车位来满足短时和夜间停车的要求。在城市综合交通规划和停车发展战略的指导下,研究城市不同发展区域以及不同性质用地的不同停车需求率和土地利用特征,在此基础上,制定合理的建筑物停车位配建标准。

2. 城市停车设施选址影响因素

经过系统、合理布局的停车场的服务对象最为广泛,影响因素也最多。由于城市公共停车场容量通常较大,如果选址不当,会导致停车场利用率过低现象。因此,在进行城市公共停车场选址时,不仅需要考虑该区域现有停车设施的类型、位置、分布和规模,还需要考虑停车场当前的设施布局、供需平衡度和社会经济效益优化等因素,因为城市公共停车位所处地点和城市主要服务目标之间的差异将对选址结果产生影响。

考虑到城市建设规模与社会经济效益之间的动态平衡,在实际选址计划中主要考虑以下基本影响因素:步行距离,划分半径一般不超过300m;停车场的可达性,用道路阻抗表示,代表泊车者驾车到达停车场的难易程度;连通停车场与城市道路网的路段的通行能力;与城市交通规划的协调性、公共设施有效空间的利用度;建设成本,若规划不当会伤害社会经济效益,对城市交通造成不利影响。

第五节 梯度场概念

将梯度场概念引入停车设施选址问题中,并将停车场、有泊车需求的车辆和周边道路视作一整个场区域。由于每个场地对停车场周围的车辆有不同的吸引力,因此可以根据停车位置选择相关的影响因素,建立由步行距离和道路阻抗标定的梯度场的选址模型。步行距离短且道路阻抗低的停车场对周围车辆的吸引力较大,反之吸引力则相对较小,因此使用梯度场概念来做出最佳选址位置决策。

1. 梯度与梯度场

一个标量函数的梯度是一个向量,标量函数的斜率使得某点的幅度等于该点处函数的最大增长率,在直角坐标系中,关于梯度的运算可写成如下公式:

$$\operatorname{grad}Q(x,y,z) = \nabla Q = \frac{\partial Q}{\partial x}\vec{i} + \frac{\partial Q}{\partial y}\vec{j} + \frac{\partial Q}{\partial z}\vec{k} \qquad (5\text{-}5)$$

各个空间中的点都可以通过一定的梯度形式表现出来,从而形成一定范围的梯度场。

2. 步行距离和道路交通阻抗分析

步行距离是指泊车者从停车场到目的地之间的距离。在行走时,泊车者希望尽可能地缩短步行距离。因此,考虑到距离过小会增加调查统计的工作量,同时影响数据准确性,通常来说划分半径不超过300m。

道路交通阻抗函数是指道路行驶时间和路段交通承载量之间的函数关系,如图5-9所示。

当计算出的0流量车速 U_0 大于城市道

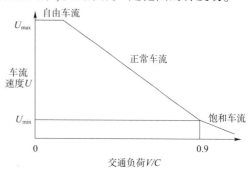

图5-9 车流速度-交通负荷函数关系模型

限制车速时,将城市道路限制车速设定为 0 流量车速。在基本调查数据的支撑下,可以根据实测的路段交通量及车速数据来标定优化上述 3 种情况下的车速-交通负荷关系模型。当无相关调查数据资料时,建议使用以下模型作为路径阻力函数。

$$U = \begin{cases} U_0(1 - 0.94V/C) & (V/C < 0.9) \\ U_0(7.4V/C) & (V/C \geqslant 0.9) \end{cases} \tag{5-6}$$

式中:U_0——交通量为 0 时的行驶车速(km/h)。

3. 梯度场选址模型的应用

根据现有的土地性质来规划适宜建设停车设施的场所,并通过获取这些位置与停车需求点之间的步行距离和道路阻抗值,代入模型中进行计算,然后通过数据分析得出最优的位置。

第六节　沈阳市停车设施布局规划提案

为使沈阳市停车策略得到贯彻落实,以及使中心城区的中街区域当前停车的难点问题在较短时间内得到有效改善,制定短期停车设施规划方案,逐步实现系统停车产业化。根据计算得到的沈阳市中街区域 2030 年停车位预测数据可以知道,公共停车设施以场地停车为主,约占 78.7%,其中,地下停车场占 89.2%。路内合法停车位占公共停车位的52.4%,机动车数量与公共停车位数量之比约为 3∶1,与国内其他城市的停车指标相比,处于中等水平。从总体来看,现状停车位供给仅满足现状需求的 77.5% 左右,仍有大量停车缺口存在。B 区和 D 区配建停车场严重不足,按配建指标测算有 2/3 的缺口,导致违法路内停车现象大量存在;F 区属于典型的商业和商务集中地区,因此停车需求比较多元化,停车供需矛盾相对来说也更加尖锐,其配建和公共停车场都处于短缺状态,大量机动车占路停放,降低了路网通行能力。意识到该问题的关键性,沈阳市政府当前也在 F 区实行公共停车场的规划与建设。

路边停车规划必须考虑各种各样的因素,同时需要处理好与非机动车及行人交通的关系。不同宽度的各类道路上路边停车场的设置要求见表 5-7。

不同宽度的各类道路上路边停车位的设置要求　　　　　　表 5-7

道路类别		道路宽度	路边停车位设置要求
道路	双向交通	12m 以上	容许双侧停车
		8~12m	容许单侧停车
		不足 8m	禁止停车
	单向交通	9m 以上	容许单侧停车
		6~9m	容许单侧停车
		不足 6m	禁止停车
胡同、小巷		9m 以上	容许双侧停车
		6~9m	容许单侧停车
		不足 6m	禁止停车

因此,沈阳市中街区域2030之前停车设施规划的基本原则是:主要针对停车需求比较紧张、现状比较混乱、根据建设条件具有近期可实施性的几个重点区域,选择的区域是大悦城 D 馆后身 F 区和大悦城 B 馆后身 D 区以及 B 区一侧的正阳街沿线商业区。共规划路内停车位30个,地下停车库1处,位于新玛特原址大什字街以东,同时,在政府规划的推动下,改进路外小型社会停车场1处,停车位80个。具体规划的停车设施方案见表5-8。

沈阳市停车位规划改进方案　　　　　　　　　　　　　　　表 5-8

区域	地　　　址	面积(m²)	规划停车形式	开 发 形 式	停车位数量(个)
B	正阳街沿线商业区	500	路内停车	综合开发	30
D	大什字街以东新玛特原址	1300	地下停车	综合开发	400
F	大悦城 D 馆后身	800	地面停车	提高配建指标	80

参 考 文 献

[1] 张春菊,李冠东,高飞,等.“互联网＋”城市智慧停车模式研究[J].测绘通报,2017(11):58-63.

[2] 林丽,贾军,张博,等.淮安市中心城区公共停车设施规划研究[J].江苏城市规划,2017(09):22-29.

[3] 段满珍.基于博弈论的居住区共享停车理论与方法研究[D].长春:吉林大学,2017.

[4] 骆豪.城市综合体共享停车需求预测方法研究[D].苏州:苏州科技大学,2017.

[5] 房化成.城市停车问题及规划——以合肥市高新区为例[J].交通企业管理,2017,32(02):42-45.

[6] 彭宏勤,张国伍.停车规范编制与智慧停车——“交通7＋1论坛”第四十五次会议纪实[J].交通运输系统工程与信息,2017,17(01):2-7＋249.

[7] 温鑫.北京市占道停车管理问题分析与对策研究[D].成都:西南交通大学,2016.

[8] 万帅.PPP模式下社会公共停车场价格机制研究[D].南昌:华东交通大学,2016.

[9] 林佳妮,张戎,王婷.停车政策国际经验及对我国大城市的启示[A].中国城市规划学会城市交通规划学术委员会.2016年中国城市交通规划年会论文集[C].中国城市规划学会城市交通规划学术委员会:中国城市规划设计研究院城市交通专业研究院,2016:11.

[10] 宗刚,李盼道.停车价格影响因素及停车政策有效性研究[J].北京社会科学,2016(01):65-74.

[11] 杨明,杨珍,刘则承.城市停车换乘设施选址模型[J].长沙理工大学学报(自然科学版),2015,12(04):11-16.

[12] 段奇芳.城市停车问题及解决对策分析[J].中国管理信息化,2015,18(23):218-220.

[13] 张路.立体停车设施建设发展探讨[J].交通科技,2014(06):131-134.

[14] 胡万欣.市场化条件下城市中心区机动车停车收费定价策略研究[D].成都:西南交通大学,2014.

[15] 冯喆.我国城市停车管理问题与对策研究[D].天津:天津大学,2012.

[16] 龙东华.城市中心区停车需求预测模型及应用研究[D].重庆:重庆交通大学,2012.

[17] 毛延梓.城市商业步行街停车空间设计研究[D].青岛:青岛理工大学,2011.

[18] 颉靖.基于物联网技术的城市停车诱导系统研究[D].北京:北京邮电大学,2011.

[19] 陈永茂,过秀成,肖平.城市停车规划分区方法研究[J].交通运输工程与信息学报,2010,8(03):110-115.

[20] 袁壮.城市中心区立体停车库设计研究[D].长沙:湖南大学,2010.

[21] 韩超,王洋,马郡.我国大城市停车问题及对策研究[J].甘肃警察职业学院学报,2010,8(01):72-76.

[22] 陶媛.大城市停车换乘(P＋R)系统的实施条件及规划设计方法研究[D].北京:北京交通大学,2008.

[23] 李娅莉. 城市中心区停车设施供需问题研究[D]. 成都:西南交通大学,2008.

[24] 李自林,张丽洁. 城市停车需求预测模型的分析[J]. 天津城市建设学院学报,2007 (03):169-172.

[25] 韩凤春,王景升. 我国城市停车发展战略研究[J]. 中国人民公安大学学报(自然科学版),2006(02):89-92.

[26] 胡娟娟. 停车诱导系统关键技术研究[D]. 长春:吉林大学,2006.

[27] 孟庆涛. 城市公共停车规划及空间设计研究[D]. 武汉:武汉理工大学,2005.

[28] 王静霞. 我国大城市停车问题与对策[J]. 城市车辆,2001(01):15-18.